怎样看懂土建施工图

姜庆远 主编

机械工业出版社

本书介绍了土建施工图的组成、符号和规则等基本知识，并结合一个17层的钢筋混凝土框支剪力墙结构房屋实例，详细介绍建筑施工图、结构施工图的组成以及各部分表达的内容和例图的识读。并根据建造师考试的基本要求，增加了建筑构造和防火知识。在结构施工图部分，除介绍钢筋混凝土平面整体表示方法的绘图规则外，还结合实例介绍如何根据标准构造详图，了解结构构件的细部构造，以便技术人员正确施工、监理。

本书主要适用于从事建筑施工的广大青年技术人员、管理人员和即将走向工作岗位的高等院校的毕业生。

图书在版编目（CIP）数据

怎样看懂土建施工图/姜庆远主编．—北京：机械工业出版社，2009.11（2022.3重印）
ISBN 978-7-111-28625-7

Ⅰ．怎… Ⅱ．姜… Ⅲ．土木工程-建筑制图-识图法 Ⅳ．TU204

中国版本图书馆 CIP 数据核字（2009）第 188466 号

机械工业出版社（北京市百万庄大街22号 邮政编码100037）
策划编辑：薛俊高 责任编辑：尚耀祖 版式设计：张世琴
封面设计：路恩中 责任校对：李 婷 责任印制：李 昂
北京中兴印刷有限公司印刷
2022年3月第1版·第23次印刷
184mm×260mm·7.25 印张·3 插页·160 千字
标准书号：ISBN 978-7-111-28625-7
定价：18.00元

凡购本书，如有缺页、倒页、脱页，由本社发行部调换

电话服务	网络服务
服务咨询热线：010-88361066	机 工 官 网：www.cmpbook.com
读者购书热线：010-68326294	机 工 官 博：weibo.com/cmp1952
010-88379203	金 书 网：www.golden-book.com
封面无防伪标均为盗版	教育服务网：www.cmpedu.com

前 言

为了使从事建筑施工的广大青年技术人员、管理人员和即将走向工作岗位的高等院校的大学生，尽快适应本专业、熟悉建筑施工和监理工作，我们编写了本书。

本书参考建造师考试的基本要求，根据混凝土结构施工图平面整体表示方法制图规则和构造详图，并结合一个17层的钢筋混凝土框支剪力墙结构房屋实例，介绍了房屋建筑和结构识图的基本知识、建筑施工图和结构施工图的内容等，希望通过理论联系实际、由浅入深地帮助读者正确熟悉施工图纸。本书编写力求符合简明适用、图文结合、通俗易懂的原则，争取经济实用。

本书主要读者对象是针对建筑施工企业的技术人员、管理人员、房屋建筑监理企业的监理人员以及即将走向工作岗位的高等院校的大学生。

本书由姜庆远主编，第一章至第三章由徐秋芳编写，第四章由姜庆远、杨振宏、姜欧编写。

在此对本书编写过程中给予热情帮助的设计单位友人表示衷心的感谢。

由于水平有限，如有疏漏和不足之处，请读者批评指正。

编 者

目 录

前言
第一章　识图基本知识 ………………………………………………… 1
　　第一节　施工图组成内容简介 ………………………………………… 1
　　第二节　制图标准简介 ………………………………………………… 2
　　第三节　常用图例 ……………………………………………………… 15
第二章　识图相关的基本知识 ………………………………………… 25
　　第一节　建筑构造 ……………………………………………………… 25
　　第二节　建筑防火基本知识 …………………………………………… 30
第三章　建筑施工图简介 ……………………………………………… 35
　　第一节　图纸总封面和图纸目录 ……………………………………… 35
　　第二节　设计（总）说明 ……………………………………………… 36
　　第三节　建筑总平面图 ………………………………………………… 41
　　第四节　建筑平面图 …………………………………………………… 43
　　第五节　建筑立面图 …………………………………………………… 45
　　第六节　建筑剖面图 …………………………………………………… 48
　　第七节　建筑详图 ……………………………………………………… 50
第四章　结构施工图 …………………………………………………… 55
　　第一节　结构施工图概述 ……………………………………………… 55
　　第二节　结构设计总说明 ……………………………………………… 61
　　第三节　基础施工图 …………………………………………………… 67
　　第四节　结构平面图 …………………………………………………… 78
　　第五节　楼梯施工图 …………………………………………………… 102
参考文献 ………………………………………………………………… 109

第一章 识图基本知识

第一节 施工图组成内容简介

一、施工图种类

一套完整的房屋建筑工程施工图应包括工程涉及的所有专业的设计图纸（含图纸目录、说明和必要的设备、材料表）及图纸总封面。这里所说的所有专业包括建筑、结构、给水、排水、采暖、空调、建筑电气等。其中建筑电气包括了"强电"、"弱电"两项内容，含配电、照明、自动报警、监控、智能化、防雷、电视、电话、网络等。

二、施工图组成内容

1. **总平面图**

总平面图亦称"总体布置图"，表示建筑物、构筑物的方位、间距以及道路网、绿化、竖向布置和基地临界情况等。图上有指北针，有的还有风玫瑰图。

当工程复杂时，除总平面图外，结合实际情况单独绘制竖向布置图、土方图、管道综合图、绿化及建筑小品布置图、道路平面图、详图等。这类图纸图签的图号区常采用"总（Z）施-×"形式将图纸排序。

2. **建筑施工图**

建筑施工图是说明房屋建造的规模、造型、尺寸、细部构造的图纸。这类图纸图签的图号区常采用"建（J）施-×"形式将图纸排序。建筑施工图包括设计说明、平面图、立面图、剖面图及相应详图（如楼梯、门窗、卫生间、节点、墙身等）。

3. **结构施工图**

结构施工图是说明房屋的主体骨架结构、构造及做法的类型、尺寸、使用材料要求和构件的详细构造及做法的图纸。这类图纸图签的图号区常采用"结（G）施-×"形式将图纸排序。结构施工图包括说明、基础图、结构平面布置图、构件详图等。

4. **给水排水、采暖、通风、空调施工图**

给水排水、采暖、通风、空调施工图是说明房屋中生活、消防给水管、排水管、采暖管及通风、空调等设施的布置和构造连接方式。分为图例、说明、平面图、系统图、详图等。这类图纸图签的图号区常采用"水（S）施-×"、"暖（N）施-×"形式将图纸排序，还可以细化到代表消防水的"水消（SX）施-×"、代表空调的"空（NK）施-×"、代表通风的"通（NT）施-×"，且视建筑复杂程度增减。

5. **电气施工图**

电气施工图说明房屋内部电气设备、线路走向的布置和构造。也包括图例、说明、平面图、系统图、详图等内容。图纸图签的图号区常采用"电（D）施-×"形式将图纸排序，也可以细化为代表自动报警等消防配电的"电消（DX）施-×"，代表照明配电的"电照（DZ）施-×"，代表有线电视、电话等的弱电"电弱（DR）施-×"，代表安保的"电安（DA）施-×"等，且视建筑复杂程度增减。

第二节　制图标准简介

一、图纸的幅面规格及编排顺序

（一）图纸的幅面规格

（1）图纸的幅面规格是指图纸的尺寸，基本尺寸分为五种，代号为 A0、A1、A2、A3、A4，尺寸大小如表 1-1 所示：

表 1-1　幅面及图框尺寸　　　　　　　　　　　　　　　　　（单位：mm）

幅面代号 尺寸代号	A0	A1	A2	A3	A4
$b \times l$	841×1189	594×841	420×594	297×420	210×297
c	10			5	
a	25				

（2）需要微缩复制的图纸，其一个边上应附有一段准确的米制尺度，四个边上均附有对中标志，米制尺度的总长应为 100mm，分格应为 10mm。对中标志应画在图纸各边长的中点处，线宽应为 0.35mm，伸入框内应为 5mm。

（3）图纸的短边一般不应加长，长边可加长，但应符合表 1-2 的规定。

表 1-2　图纸长边加长尺寸　　　　　　　　　　　　　　　　（单位：mm）

幅面代号	长边尺寸	长边加长后的尺寸
A0	1189	1486　1635　1783　1932　2080　2230　2378
A1	841	1051　1261　1471　1682　1892　2102
A2	594	743　891　1041　1189　1338　1486　1635
A3	594	1783　1932　2080
A4	420	630　841　1051　1261　1471　1682　1892

注：有特殊需要的图纸，可采用 841mm×891mm 与 1189mm×1261mm 的幅面。

（4）图纸以短边作为垂直边称为横式，以短边作为水平边称为立式。一般 A0~A3 图纸宜横式使用；必要时，也可立式使用，但图签、会签栏位置应相应调整。

（二）图纸的标题栏、会签栏和装订边

（1）图纸的标题栏、会签栏和装订边的位置应符合下列规定：

1）横式使用的图纸应按图 1-1 的形式布置。

2）立式使用的图纸应按图 1-2、图 1-3 的形式布置。

（2）标题栏根据工程需要、单位特点确定尺寸、格式及分区。签字区包含实名列和签名列。涉外工程的标题栏内，各项主要内容的中文下方应附有译文，设计单位上方或左方，应加

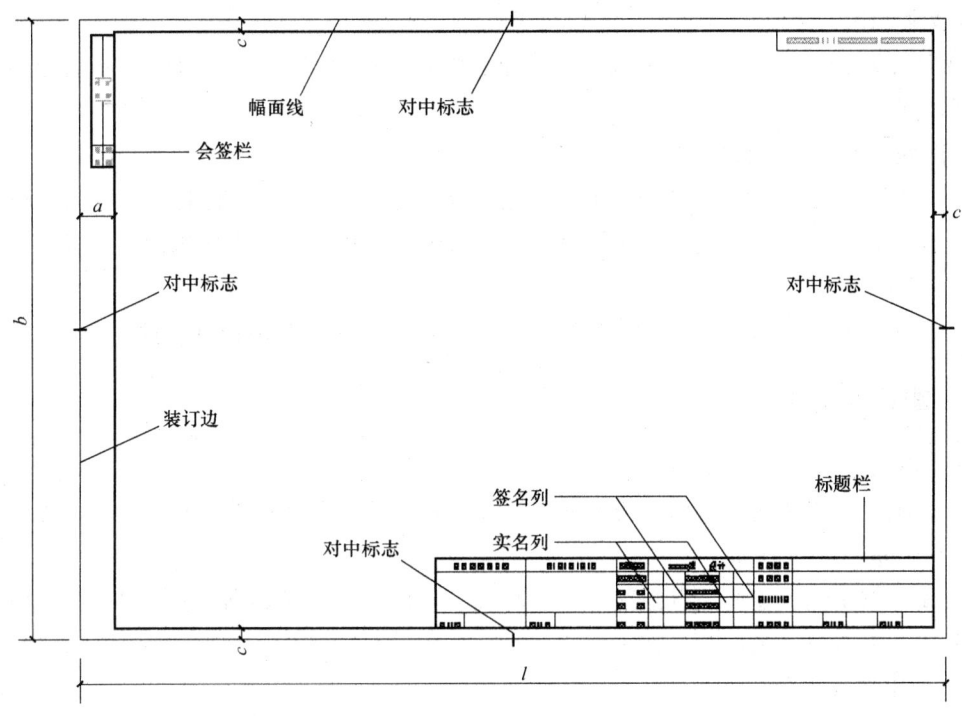

图 1-1　A0~A3 横式图幅

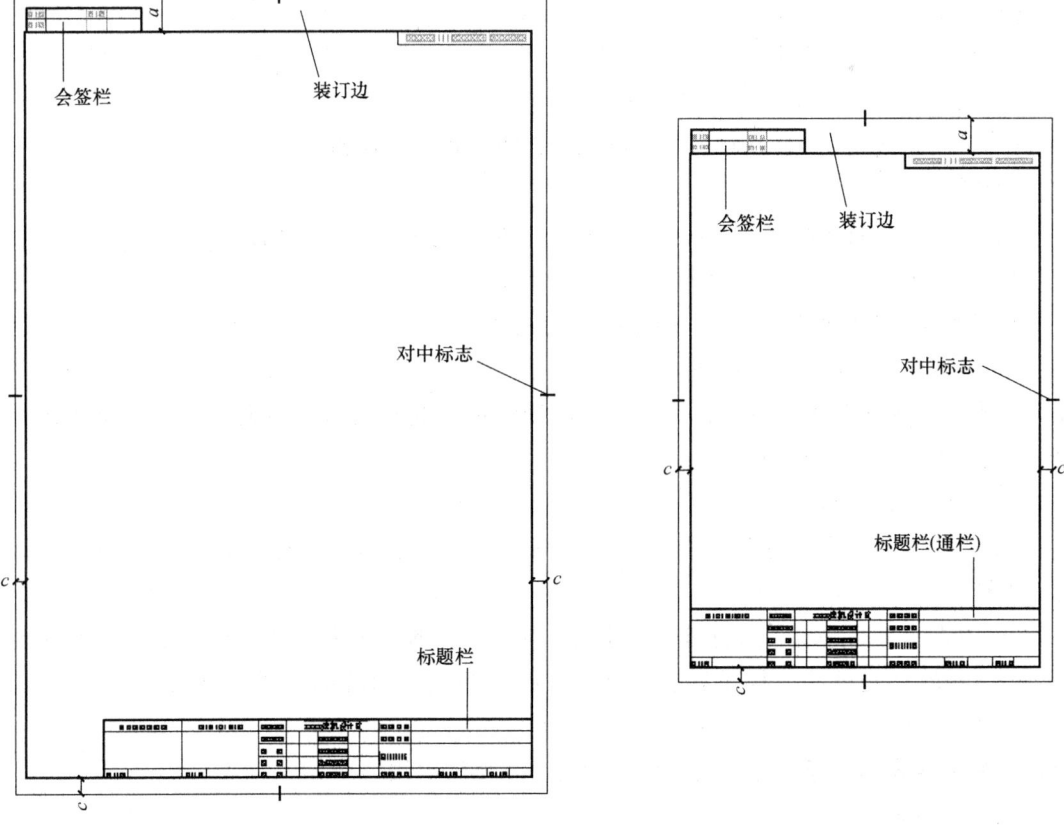

图 1-2　A0~A3 竖式图幅　　　　　　图 1-3　A4 竖式图幅

"中华人民共和国"字样。

（3）会签栏应填写会签人员所代表的专业、姓名、日期（年、月、日），不需会签的图纸可不设会签栏。

（三）施工图纸的编排顺序

（1）不同的建筑根据复杂程度，可由几张、几十张、几百张图纸组成，因此工程图纸应按专业顺序编排。一般应为图纸目录、总图、建筑图、结构图、给水排水图、暖通空调图、电气图等。

（2）各专业的图纸，应该按图纸内容的主次关系、逻辑关系进行有序排列。

二、图线和比例

（一）图线

制图的图线宽度应成组使用，线宽 b 为粗线，$0.5b$ 为中线，$0.25b$ 为细线。常用线宽组为 0.7mm、0.35mm、0.18mm。

图线线型有实线、虚线、点画线、双点画线、折断线、波浪线等。除折断线和波浪线外，其他每种线型都有粗、中、细三种线宽。

（1）用粗实线表示：

1）平面图、剖面图中被剖切的主要建筑构造（包括构配件）的轮廓线。

2）建筑立面图或室内立面图的外轮廓线。

3）建筑构造详图中被剖切的主要部分的轮廓线。

4）建筑构配件详图中的外轮廓线。

5）平面图、立面图、剖面图的剖切号。

6）总图中新建建筑物 ±0.000 高度的可见轮廓线，新建的铁路、管线。

（2）用中实线表示：

1）平面图、剖面图中被剖切的次要建筑构造（包括构配件）的轮廓线。

2）建筑平面图、立面图、剖面图建筑构配件的轮廓线。

3）建筑构造详图及建筑构配件详图中的一般轮廓线。

4）总图中新建构筑物、道路、桥涵、边坡、围墙、露天堆场、运输设施、挡土墙的可见轮廓线，场地、区域分界线、用地红线、建筑红线、尺寸起止符号、河道蓝线，新建建筑物 ±0.000 高度以外的可见轮廓线。

（3）用细实线表示：

1）建筑图的图形线、尺寸线、尺寸界限、图例线、索引符号、标高符号、详图材料做法、引出线等。

2）总图中新建道路路肩、人行道、排水沟、树丛、草地、花坛的可见轮廓线，原有（包括保留和拟拆除的）建筑物、构筑物、铁路、道路、桥涵、围墙的可见轮廓线，坐标网线、图例线、尺寸线、尺寸界线、引出线、索引符号等。

（4）用粗虚线表示：新建建筑物、构筑物的不可见轮廓线。

（5）用中虚线表示：

1）建筑构造详图及建筑构配件不可见轮廓线、平面图中起重机（吊车）的轮廓线、拟扩建的建筑物轮廓线。

2）总图中计划扩建建筑物、构筑物、预留地、铁路、道路、桥涵、围墙、运输设施、管线的轮廓线，洪水淹没线。

（6）用细虚线表示：图例线、总图中原有建筑物、构筑物、预留地、铁路、道路、桥涵、围墙的不可见轮廓线。

（7）用粗单点长画线表示总图露天矿开采边界线。

（8）用中单点长画线表示总图土方填挖区零点线。

（9）用细单点长画线表示中心线、对称线、定位轴线、分水线。

（10）用折断线表示不需画全的断开界线。

（11）用粗双点长画线表示总图地下开采区塌落界线。

（12）用波浪线表示断开界线。

（二）比例

（1）图样的比例，应为图形与实物相对应的线性尺寸之比。比例的大小，是指其比值的大小，如 1:50 的值是 1:100 的值的一倍，则按 1:50 比例绘出的图样比 1:100 比例绘出的图样大一倍。

（2）比例宜注写在图名的右侧，字的基准线应取平；比例的字高宜比图名的字高小一号或二号。

（3）一般情况下，一个图样应选用一种比例。根据专业制图需要，同一图样可选用两种比例。特殊情况下也可自选比例，这时除应注出绘图比例外，还必须在适当位置绘制出相应的比例尺。

（4）总图制图采用的比例，宜符合表 1-3 的规定。

表 1-3　总平面制图比例

图　　名	比　　例
地理、交通位置图	1:25000～1:200000
总体规划、总体布置、区域位置图	1:2000、1:5000、1:10000、1:25000、1:50000
总平面图、竖向布置图、管线综合图、土方图、排水图、铁路平面图、道路平面图、绿化平面图	1:500、1:1000、1:2000
铁路、道路纵断面图	垂直 1:50、1:100、1:200 水平 1:1000、1:2000、1:5000
铁路、道路横断面图	1:50、1:100、1:200
场地断面图	1:100、1:200、1:500、1:1000
详图	1:1、1:2、1:5、1:10、1:20、1:50、1:100、1:200

（5）建筑制图采用的比例，宜符合表 1-4 的规定。

表 1-4　建筑制图比例

图　　名	比　　例
建（构）筑物的平面图、立面图、剖面图	1:50、1:100、1:150、1:200、1:300
建（构）筑物的局部放大图	1:10、1:20、1:25、1:30、1:50
构件及构造详图	1:1、1:2、1:5、1:10、1:20、1:25、1:30、1:50

三、符号

(一) 剖切符号

(1) 剖视的剖切符号规定

1) 剖视的剖切符号应由剖切位置线及投射方向线组成，均应以粗实线绘制。剖切位置线的长度宜为 6~10mm；投射方向线应垂直于剖切位置线，长度应短于剖切位置线，宜为 4~6mm。绘制时，剖视的剖切符号不应与其他图线相接触。

2) 剖视剖切符号的编号宜采用阿拉伯数字，按顺序由左至右、由下至上连续编排，并应注写在剖视方向线的端部。

3) 需要转折的剖切位置线，应在转角的外侧加注与该符号相同的编号（图1-4）。

4) 建（构）筑物剖面图的剖切符号宜注在 ±0.000 标高的平面图上。

(2) 断面的剖切符号规定

1) 断面的剖切符号应只用剖切位置线表示，并应以粗实线绘制，长度宜为 6~10mm。

2) 断面剖切符号的编号宜采用阿拉伯数字，按顺序连续编排，并应注写在剖切位置线的一侧；编号所在的一侧应为该断面的剖视方向（图1-5）。

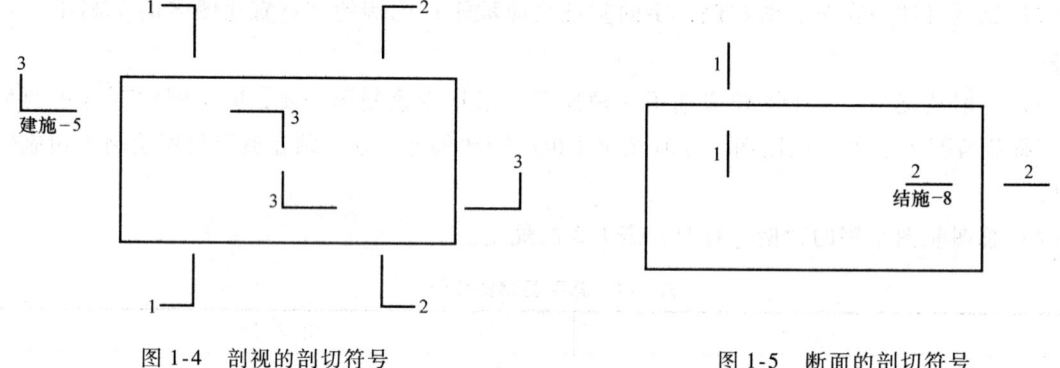

图 1-4　剖视的剖切符号　　　　图 1-5　断面的剖切符号

(3) 剖面图或断面图，如与被剖切图样不在同一张图内，可在剖切位置线的另一侧注明其所在图纸的编号，也可以在图上集中说明。

(二) 索引符号与详图符号

(1) 图样中的某一局部或构件，如需另见详图，应以索引符号索引。索引符号是由直径为 10mm 的圆和水平直径组成，圆及水平直径均应以细实线绘制。

(2) 索引出的详图，如与被索引的详图同在一张图纸内，应在索引符号的上半圆中用阿拉伯数字注明该详图的编号，并在下半圆中间画一段水平细实线（图1-6a）。

(3) 索引出的详图，如与被索引的详图不在同一张图纸内，应在索引符号的上半圆中用阿拉伯数字注明该详图的编号，在索引符号的下半圆中用阿拉伯数字注明该详图所在图纸的编号（图1-6b）。

(4) 索引出的详图，如采用标准图，应在索引符号水平直径的延长线上加注该标准图册的编号（图1-6c）。

(5) 索引符号如用于索引剖视详图，应在被剖切的部位绘制剖切位置线，并以引出线引出索引符号，引出线所在的一侧应为投射方向（图1-7）。

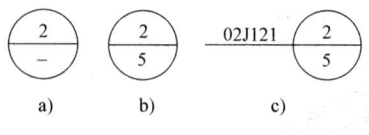
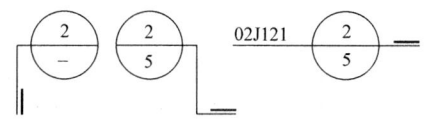

图1-6 索引符号　　　　　　图1-7 用于索引剖面详图的索引符号

(6) 零件、钢筋、杆件、设备等的编号，以直径为4~6mm（同一图样应保持一致）的细实线圆表示，其编号应用阿拉伯数字按顺序编写（图1-8a）。

(7) 详图的位置和编号，应以详图符号表示。详图符号的圆应以直径为14mm粗实线绘制（图1-8b）。详图与被索引的图样同在一张图纸

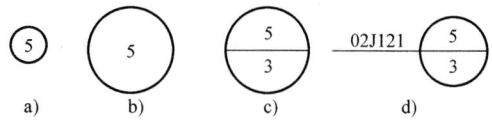

图1-8 详图符号

内时，应在详图符号内用阿拉伯数字注明详图的编号（图1-8c）。详图与被索引的图样不在同一张图纸内，应用细实线在详图符号内画一水平直径，在上半圆中注明详图编号，在下半圆中注明被索引的图纸的编号（图1-8d）。

（三）引出线

(1) 引出线应以细实线绘制，宜采用水平方向的直线（图1-9a）或与水平方向成30°、45°、60°、90°的直线，或经上述角度再折为水平线（图1-9b）。文字说明宜注写在水平线的上方（图1-9a、b），也可注写在水平线的端部（图1-9c）。索引详图的引出线，应与水平直径线相连接（图1-9d）。

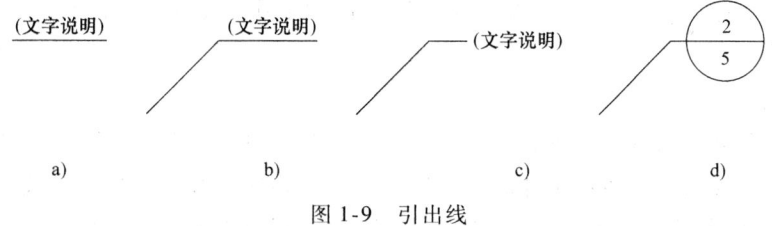

图1-9 引出线

(2) 同时引出几个相同部分的引出线，宜互相平行（图1-10a），也可画成集中于一点的放射线（图1-10b）。

(3) 多层构造或多层管道共用引出线，应通过被引出的各层。文字说明宜注写在水平线的上方，或注写在水平线的端部，说明的顺序应由上至下，并应与被说明的层次相互一致；如层次为横向排序，则由上至下的说明顺序应与左至右的层次相互一致（图1-11）。

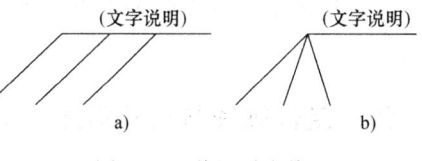

图1-10 共用引出线

（四）其他符号

1. 对称符号

对称符号由对称线和两端的两对平行线组成。对称线用细点画线绘制；平行线用细实线绘制，其长度宜为6~10mm，每对的间距宜为2~3mm；对称线垂直平分于两对平行线，两端超出平行线宜为2~3mm（图1-12a）。

2. 连接符号

连接符号应以折断线表示需连接的部位。两部位相距过远时，折断线两端靠图样一侧应标

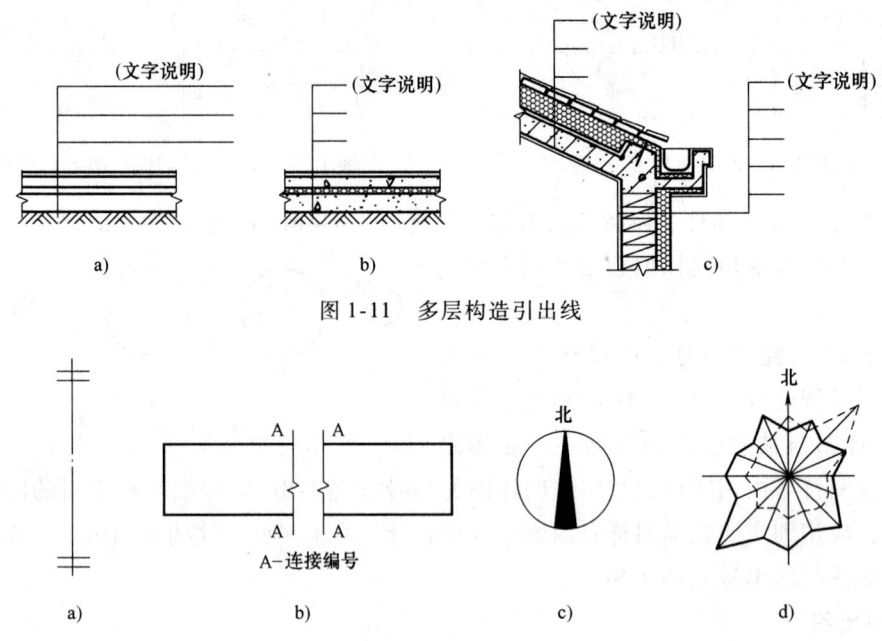

图 1-11 多层构造引出线

图 1-12 其他符号

注大写拉丁字母表示连接编号。两个被连接的图样必须用相同的字母编号（图 1-12b）。

3. 指北针

指北针的形状宜如（图 1-12c）所示，其圆的直径宜为 24mm，用细实线绘制；指针尾部的宽度宜为 3mm，指针头部应注"北"或"N"字。需用较大直径绘制指北针时，指针尾部宽度宜为直径的 1/8。

4. 风玫瑰图

建筑总平面图上常用风玫瑰图表示该地区常年的风向频率。以十字坐标定出 16 个罗盘方位，再根据该地区气象部门多年统计的各方向风吹向该地区次数的百分值，按比例绘制在各方位上，再把各点连接起来，通常呈玫瑰状，故称它为风向玫瑰频率图，简称风玫瑰图（图 1-12d）。

风玫瑰图上有虚实两种轮廓线时，实线代表该地区的常年主导风向，虚线代表夏季主导风向。

四、定位轴线与尺寸标注、标高标注

（一）计量单位

（1）总图中的坐标、标高、距离宜以米为单位，并应至少取至小数点后两位，不足时以"0"补齐。详图宜以毫米为单位，如不以毫米为单位，应另加说明。建筑图以毫米为单位。

（2）建筑物、构筑物、铁路、道路方位角（或方向角）和铁路、道路转向角的度数，宜注写到"秒"，特殊情况，应另加说明。

（3）铁路纵坡度宜以千分计，道路纵坡度、场地平整坡度、排水沟沟底纵坡度宜以百分计，并应取至小数点后一位，不足时以"0"补齐。

（二）定位轴线

（1）定位轴线是表示建筑主要承重构件或墙体位置及其标志尺寸的基线，也是建筑工地中施工放线的依据。在图中定位轴线应用细点画线绘制，一般应编号，编号应注写在轴线端部的圆内。圆应用细实线绘制，直径为 8～10mm。定位轴线圆的圆心，应在定位轴线的延长线上或延长线的折线上（图 1-13）。

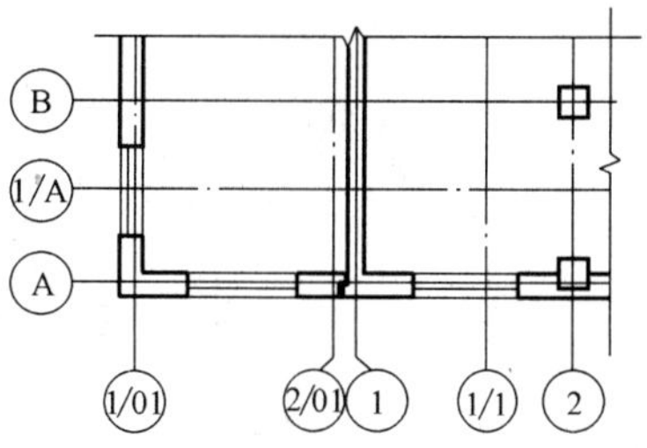

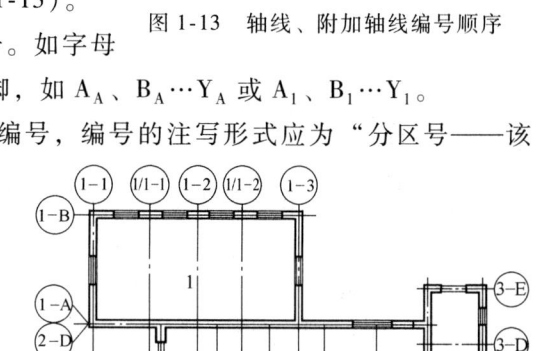

图 1-13 轴线、附加轴线编号顺序

（2）平面图上定位轴线的编号，宜标注在图样的下方与左侧。横向编号用阿拉伯数字，从左至右顺序编写，竖向编号用大写拉丁字母，从下至上顺序编写（图 1-13）。

（3）拉丁字母的 I、O、Z 不得用做轴线编号。如字母数量不够使用，可增用双字母或单字母加数字注脚，如 A_A、B_A…Y_A 或 A_1、B_1…Y_1。

（4）较复杂的平面图中定位轴线可采用分区编号，编号的注写形式应为"分区号——该分区编号"（图 1-14）。分区号采用阿拉伯数字或大写拉丁字母表示。

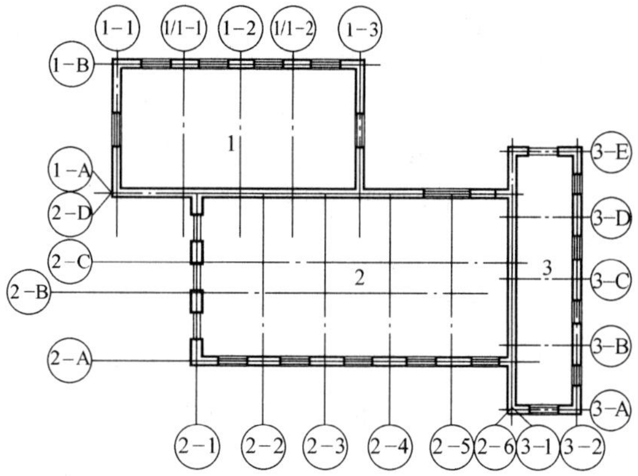

（5）附加定位轴线的编号，应以分数形式表示，并应按下列规定编写：

1）两根轴线之间的附加轴线，应以分母表示前一根轴线的编号，分子表示附加轴线的编号，编号宜用阿拉伯数字编写（图 1-13）。

2）1 号轴线或 A 号轴线之前的附加轴线分母应以 01 或 0A 分别表示（图 1-13）。

（6）当一个详图适用于几根轴线时，应同时注明各有关轴线的编号（图 1-15）。通用详图中的定位轴线，应只画圆，不注写轴线编号。

图 1-14 定位轴线的分区编号

（7）圆形平面图中定位轴线的编号，其径向轴线宜用阿拉伯数字表示，从左下角开始，按逆时针顺序编写；其圆周轴线宜用大写拉丁字母表示，从外向内顺序编写（图 1-16）。

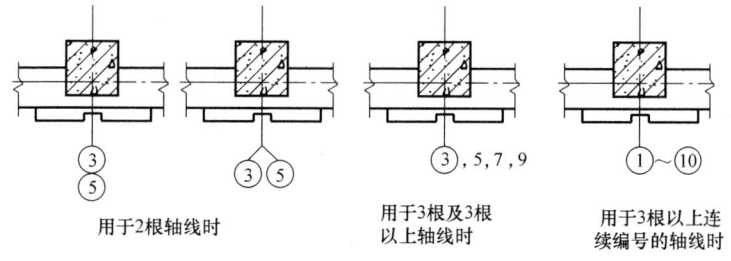

图 1-15 详图的轴线编号

（8）折线形平面图中定位轴线的编号可按图 1-17 的形式编写。

（三）尺寸标注

1. 尺寸界线、尺寸线及尺寸起止符号

（1）施工图上的尺寸，包括尺寸界线、尺寸线、尺寸起止符号和尺寸数字。

（2）尺寸界线应用细实线绘制，一般应与被注长度垂直，其一端应离开图样轮廓线不小于 2mm，另一端宜超出尺寸线 2～3mm。图样轮廓线可用作尺寸界线。

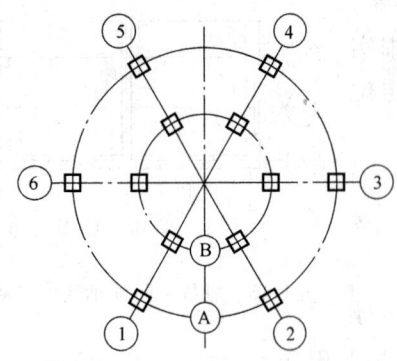
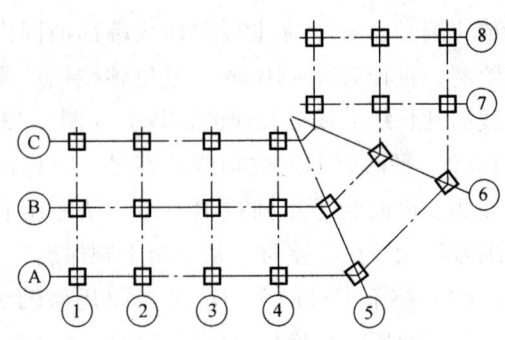

图1-16 圆形平面定位轴线的编号　　　　图1-17 折线形平面定位轴线的编号

(3) 尺寸线应用细实线绘制，应与被注长度平行。图样本身的任何图线均不得用作尺寸线。

(4) 尺寸起止符号一般用中粗斜短线绘制，其倾斜方向应与尺寸界线成顺时针45°角，长度宜为2~3mm（图1-18）。半径、直径、角度与弧长的尺寸起止符号，宜用箭头表示。

2. 尺寸数字

(1) 图样上的尺寸，应以尺寸数字为准，不得从图上直接量取。

(2) 图样上的尺寸单位，除标高及总平面以米为单位外，其他必须以毫米为单位。

(3) 尺寸数字的方向，应按图1-19a的规定注写。若尺寸数字在30°斜线区内，宜按图1-19b的形式注写。尺寸数字一般应依据其方向注写在靠近尺寸线的上方中部。如没有足够的注写位置，最外边的尺寸数字可注写在尺寸界线的外侧，中间相邻的尺寸数字可错开注写（图1-19c）。

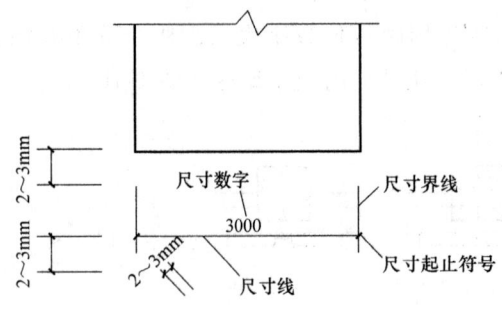
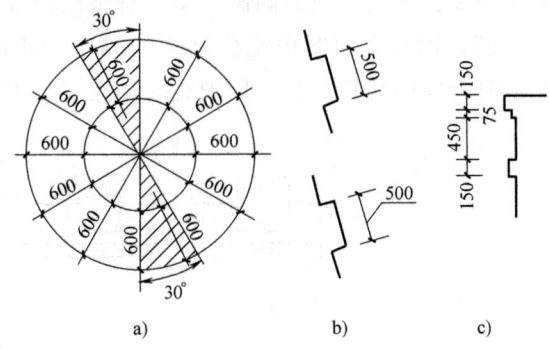

图1-18 尺寸的组成　　　　图1-19 尺寸数字的注写方向及位置

3. 尺寸的排列与布置

(1) 尺寸宜标注在图样轮廓以外，不宜与图线、文字及符号等相交（图1-20）。

(2) 互相平行的尺寸线，应从被注写的图样轮廓线由近向远整齐排列，较小尺寸应离轮廓线较近，较大尺寸应离轮廓线较远。

(3) 图样轮廓线以外的尺寸界线，距图样最外轮廓之间的距离，不宜小于10mm。平行排列的尺寸线的间距，宜为7~10mm，并应保持一致。

(4) 总尺寸的尺寸界线应靠近所指部位，中间的分尺寸的尺寸界线可稍短，但其长度应相等。

4. 半径、直径、球的尺寸标注

（1）半径的尺寸线应一端从圆心开始，另一端画箭头指向圆弧。半径数字前应加注半径符号"R"（图 1-21）。较小圆弧的半径，可按图 1-22a 形式标注。较大圆弧的半径，可按图 1-22b 形式标注。

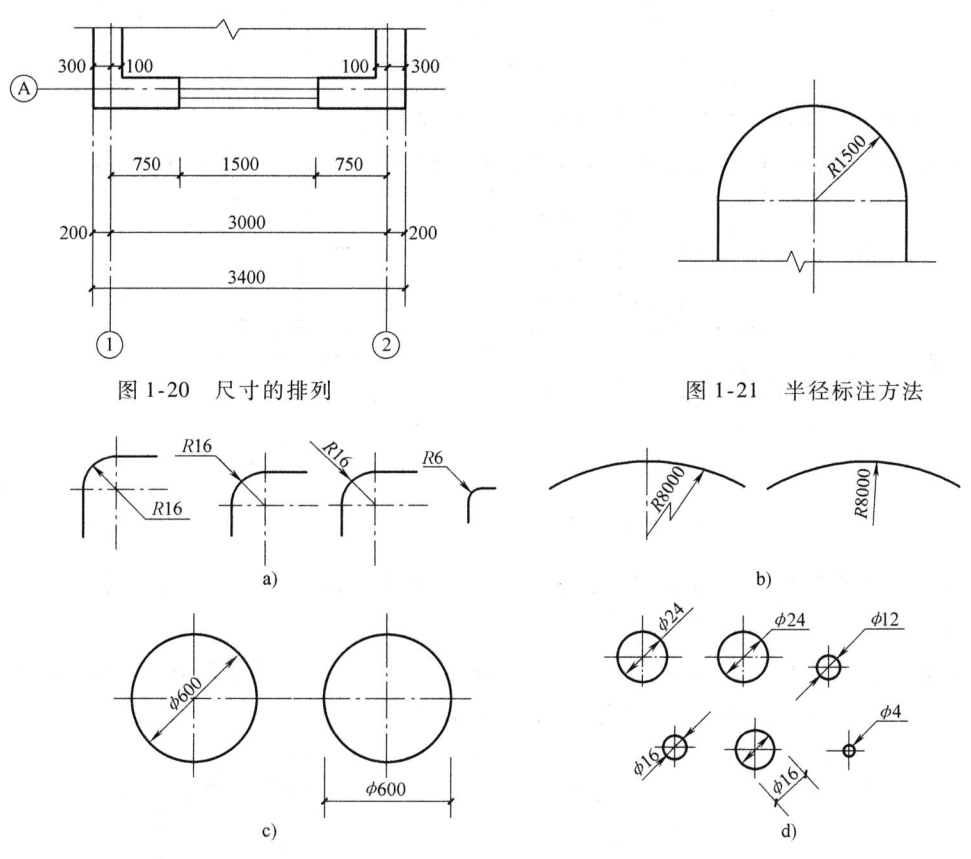

图 1-20　尺寸的排列　　　　　　　　图 1-21　半径标注方法

图 1-22　圆弧和圆直径的标注方式

（2）标注圆的直径尺寸时，直径数字前应加直径符号"φ"。在圆内标注的尺寸线应通过圆心，两端画箭头指至圆弧（图 1-22c）。较小圆的直径尺寸，可标注在圆外（图 1-22d）。

（3）标注球的半径尺寸时，应在尺寸前加注符号"SR"。标注球的直径尺寸时，应在尺寸数字前加注符号"Sφ"。注写方法与圆弧半径和圆直径的尺寸标注方法相同。

5. 角度、弧长、弦长的标注

（1）角度的尺寸线应以圆弧表示。该圆弧的圆心应是该角的顶点，角的两条边为尺寸界线。起止符号应以箭头表示，如没有足够位置画箭头，可用圆点代替，角度数字应按水平方向注写（图 1-23a）。

（2）标注圆弧的弧长时，尺寸线应以与该圆弧同心的圆弧线表示，尺寸界线应垂直于该圆弧的弦，起止符号用箭头表示，弧长数字上方应加注圆弧符号"⌒"（图 1-23b）。

（3）标注圆弧的弦长时，尺寸线应以平行于该弦的直线表示，尺寸界线应垂直于该弦，起止符号用中粗斜短线表示（图 1-23c）。

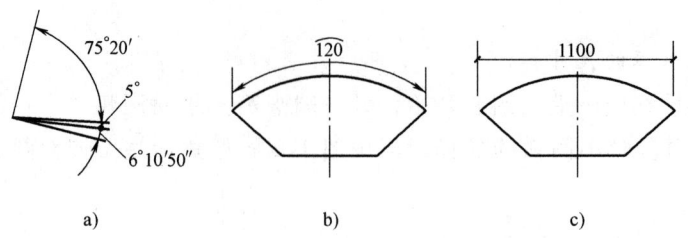

图 1-23　角度、弧长、弦长的标注

6. 薄板厚度、正方形、坡度、非圆曲线等尺寸标注

（1）在薄板板面标注板厚尺寸时，应在厚度数字前加厚度符号"t"（图 1-24a）。

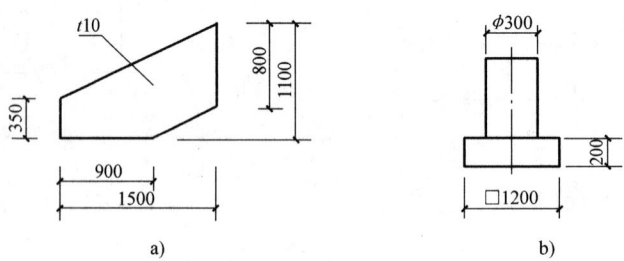

图　1-24

a）薄板厚度标注方法　b）标注正方形尺寸

（2）标注正方形的尺寸，可用"边长×边长"的形式，也可在边长数字前加正方形符号"□"（图 1-24b）。

（3）标注坡度时，应加注坡度符号"──"（图 1-25a、b），该符号为单面箭头，箭头应指向下坡方向。坡度也可用直角三角形形式标注（图 1-25c）。

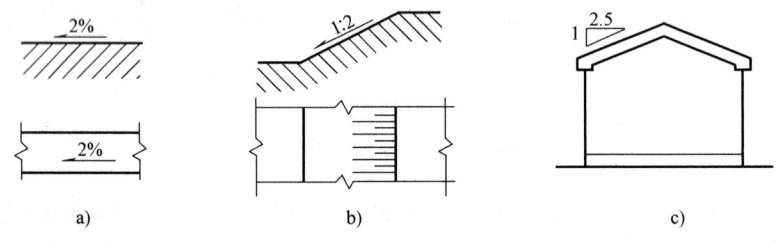

图 1-25　坡度的标注

（4）外形为非圆曲线的构件，可用坐标形式标注尺寸（图 1-26a）。复杂的图形，可用网格形式标注尺寸（图 1-26b）。

7. 尺寸的简化标注

（1）杆件或管线的长度，在单线图（桁架简图、钢筋简图、管线简图）上，可直接将尺寸数字沿杆件或管线的一侧注写（图 1-27a）。

（2）连续排列的等长尺寸，可用"等长尺寸×个数＝总长"的形式标注（图 1-27b）。

（3）构配件内的构造因素（如孔、槽等）如相同，可仅标注其中一个要素的尺寸。

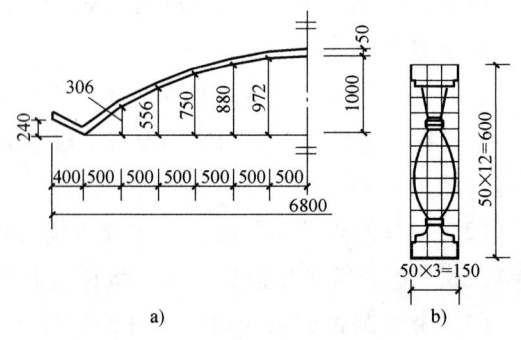

图 1-26　非圆曲线和复杂图形的标注

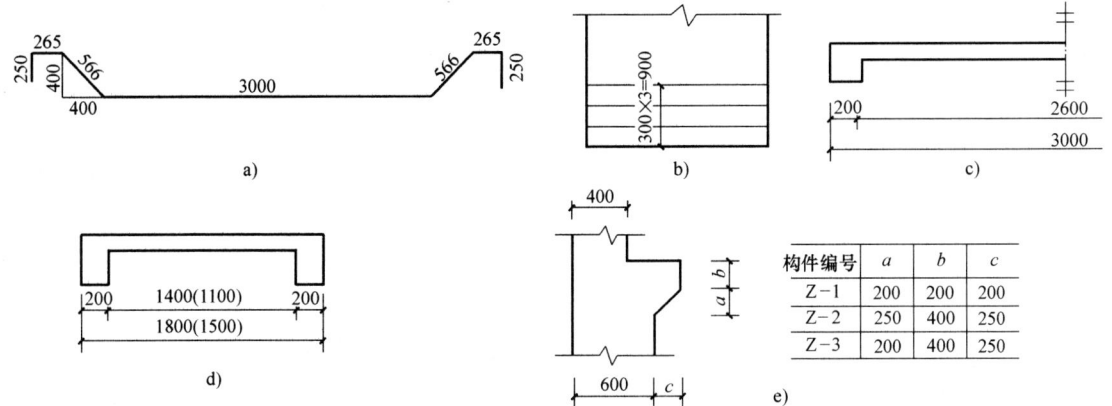

图 1-27 尺寸的简化标注

（4）对称构配件采用对称省略画法时，该对称构配件的尺寸线应略超过对称符号，仅在尺寸线的一端画尺寸起止符号，尺寸数字应按整体全尺寸注写，其注写位置宜与对称符号对齐（图 1-27c）。

（5）两个构配件，如个别尺寸数字不同，可在同一图样中将其中一个构配件的不同尺寸数字注写在括号内，该构配件的名称也应注写在相应的括号内（图 1-27d）。

（6）数个构配件，如仅某些尺寸不同，这些有变化的尺寸数字，可用拉丁字母注写在同一图样中，另列表格写明其具体尺寸（图 1-27e）。

8. 标高

（1）标高符号应以直角等腰三角形表示，用细实线绘制（图 1-28a），如标注位置不够，也可按图 1-28b 所示形式绘制。

（2）总平面图室外地坪标高符号，宜用涂黑的三角形表示（图 1-29）。

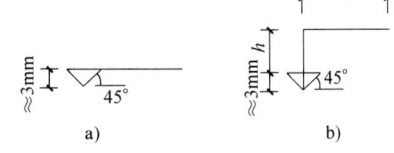

图 1-28 标高符号

（3）标高符号的尖端应指至被注高度的位置。尖端一般应向下，也可向上。标高数字应注写在标高符号的左侧或右侧（图 1-30）。

（4）标高数字应以米为单位，注写到小数点以后第三位。在总平面图中，可注写到小数点以后第二位。

（5）零点标高应注写成 ±0.000，正数标高不注"＋"，负数标高应注"－"，例如 3.000、-0.600。

（6）在图样的同一位置需表示几个不同标高时，标高数字可按图 1-31 的形式注写。

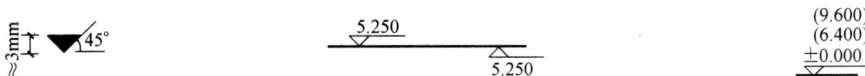

图 1-29 总图室外地坪标高符号　　　图 1-30 标高的指向　　　图 1-31 多个标高数字

9. 坐标标注

（1）坐标网格应以细实线表示。测量坐标网应画成交叉十字线，坐标代号宜用"X、Y"

表示；建筑坐标网应画成网格通线，坐标代号宜用"A、B"表示。坐标值为负数时，应注"－"号；为正数时，"＋"号可省略。

（2）总平面图上有测量和建筑两种坐标系统时，应在附注中注明两种坐标系统的换算公式。

（3）表示建筑物、构筑物位置的坐标，宜注其三个角的坐标，如建筑物、构筑物与坐标轴线平行，可注其对角坐标。

（4）在一张图上，主要建筑物、构筑物用坐标定位时，较小的建筑物、构筑物也可用相对尺寸定位。

（5）坐标宜直接标注在图上，如图面无足够位置，也可列表标注。

（6）在一张图上，如坐标数字的位数太多时，可将前面相同的位数省略，其省略位数应在附注中加以说明。

（四）建筑图尺寸标注

（1）尺寸分为总尺寸、定位尺寸、细部尺寸三种。

（2）平面图及其详图注写完成面标高。立面图、剖面图及其详图注写完成面标高及高度方向的尺寸。平屋面等不易标明建筑标高的部位可标注结构标高，并予以说明。其余部分注写毛面尺寸及标高。

（3）标注建筑平面图各部位的定位尺寸时，注写与其最邻近的轴线间的尺寸；标注建筑剖面各部位的定位尺寸时，应注写其所在层次内的尺寸。

（4）室内设计图中连续重复的构配件等，当不易标明定位尺寸时，可在总尺寸的控制下，定位尺寸不用数值而用"均分"或"EQ"字样表示。

（五）总图尺寸标注

（1）总图应按上北下南方向绘制。根据场地形状或布局，可向左或右偏转，但不宜超过45°。总图中应绘制指北针或风玫瑰图。

（2）建筑物、构筑物、铁路、道路、管线等应标注下列部位的坐标或定位尺寸：

1）建筑物、构筑物的定位轴线（或外墙面）或其交点。

2）圆形建筑物、构筑物的中心。

3）皮带走廊的中线或其交点。

4）铁路道岔的理论中心，铁路、道路的中线或转折点。

5）管线（包括管沟、管架或管桥）的中线或其交点。

6）挡土墙墙顶外边缘线或转折点。

（3）标高标注

1）应以含有±0.000标高的平面作为总图平面。

2）总图中标注的标高应为绝对标高，如标注相对标高，则应注明相对标高与绝对标高的换算关系。

3）建筑物、构筑物、铁路、道路、管沟等应按以下规定标注有关部位的标高：

a 建筑物室内地坪，标注建筑图中±0.000处的标高，对不同高度的地坪，分别标注其标高。

b 建筑物室外散水，标注建筑物四周转角或两对角的散水坡脚处的标高。

c 构筑物标注其有代表性的标高,并用文字注明标高所指的位置。

d 铁路标注轨顶标高。

e 道路标注路面中心交点及变坡点的标高。

f 挡土墙标注墙顶和墙趾标高,路堤、边坡标注坡顶和坡脚标高,排水沟标注沟顶和沟底标高。

g 场地平整标注其控制位置标高,铺砌场地标注其铺砌面标高。

(4) 名称和编号

1) 总图上的建筑物、构筑物应注写名称,名称宜直接标注在图上。当图样比例小或图面无足够位置时,也可将编号列表编注在图内。当图形过小时,可标注在图形外侧附近处。

2) 总图上的铁路线路、铁路道岔、铁路及道路曲线转折点等,均应进行编号。

3) 一个工程中,整套总图图纸所注写的场地、建筑物、构筑物、铁路、道路等的名称应统一,各设计阶段的上述名称和编号应一致。

第三节 常用图例

一、常用建筑材料图例说明

(1) 仅介绍常用建筑材料的图例画法,对其尺度比例不作具体规定。使用时,应根据图样大小而定,并应注意下列事项:

1) 图例线应间隔均匀,疏密适度,做到图例正确,表示清楚。

2) 不同品种的同类材料使用同一图例时(如某些特定部位的石膏板必须注明是防水石膏板时),应在图上附加必要的说明。

3) 两个相同的图例相接时,图例线宜错开或使倾斜方向相反(图1-32a)。

4) 两个相邻的涂黑图例(如混凝土构件、金属件)间,应留有空隙。其宽度不得小于0.7mm(图1-32b)。

(2) 下列情况可不加图例,但应加文字说明:

1) 一张图纸内的图样只用一种图例时。

2) 图形较小无法画出建筑材料图例时。

(3) 需画出的建筑材料图例面积过大时,可在断面轮廓线内,沿轮廓线作局部表示(图1-33)。

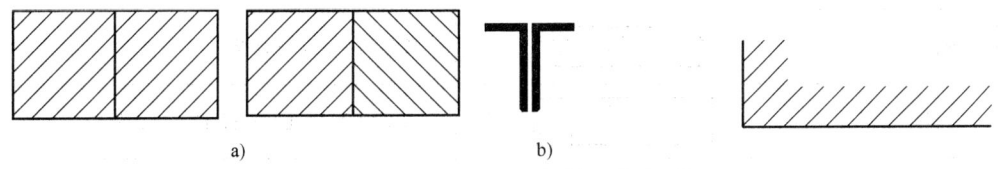

图1-32 图例画法　　　　　图1-33 局部表示图例画法

(4) 常用建筑材料图例中未包括的建筑材料,可自编图例,但不得与常用建筑材料图例重复。绘制时,应在适当位置画出该材料图例,并加以说明。

二、常用建筑材料图例及说明（表1-5）

表1-5　常用建筑材料图例

序号	名　　称	图　例	说　　明
1	自然土壤	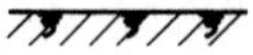	包括各种自然土壤
2	夯实土壤		
3	砂、灰土	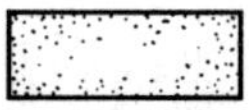	靠近轮廓线绘较密的点
4	砂砾石、碎砖、三合土	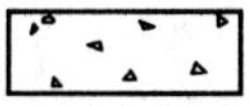	
5	石材	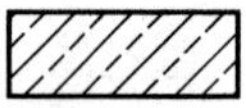	
6	毛石	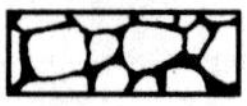	
7	普通砖	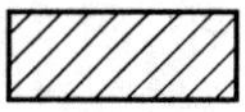	包括承重的实心砖、多孔砖、砌块等砌体。断面较窄不易绘出图例时，可涂红
8	耐火砖	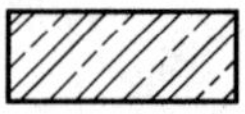	包括耐酸砖等砌体
9	空心砖		指非承重砖砌体
10	饰面砖		包括铺地砖、马赛克、陶瓷锦砖、人造大理石等
11	焦渣、矿渣	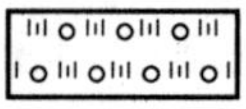	包括与水泥、石灰等混合而成的材料
12	混凝土	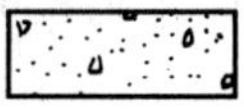	1. 指能承重的混凝土和钢筋混凝土 2. 包括各种强度等级、骨料、添加剂的混凝土 3. 在剖面图上画出钢筋时，不画图例线 4. 断面图形小，不易画出图例线时，可涂黑
13	钢筋混凝土	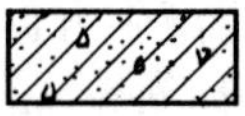	
14	多孔材料		包括水泥珍珠岩、沥青珍珠岩、泡沫混凝土、非承重加气混凝土、软木、蛭石制品等
15	纤维材料		包括岩棉、矿棉、玻璃棉、麻丝、木丝板、纤维板等
16	泡沫塑料材料	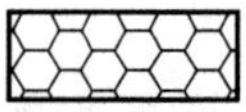	包括聚苯乙烯、聚乙烯、聚氨酯等多孔聚合物类材料
17	木材	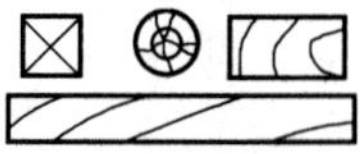	1. 上图为横断面，上左图为垫木、木砖或木龙骨 2. 下图为纵断面
18	胶合板	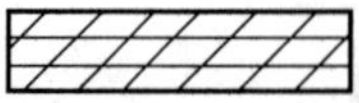	应注明为 x 层胶合板
19	石膏板	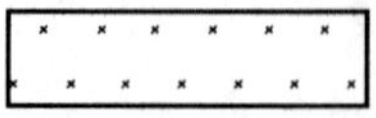	包括圆孔、方孔石膏板、防水石膏板等
20	金属	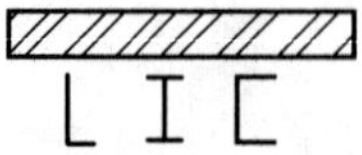	1. 包括各种金属 2. 断面图形小，不易画出图例线时，可涂黑
21	网状材料		1. 包括金属、塑料网状材料 2. 应注明具体材料名称

(续)

序号	名　称	图　例	说　明
22	液体	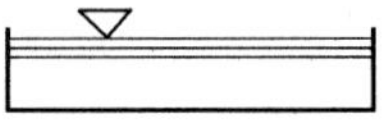	应注明具体液体名称
23	玻璃	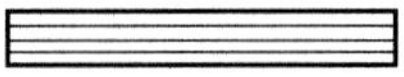	包括平板玻璃、磨砂玻璃、夹丝玻璃、钢化玻璃、中空玻璃、夹层玻璃、镀膜玻璃等
24	橡胶	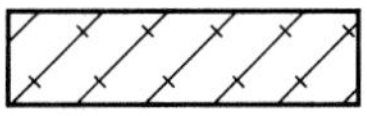	
25	塑料	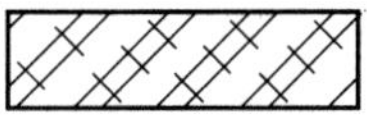	包括各种软、硬塑料及有机玻璃等
26	防水材料		构造层次多或比例大时，采用上面图例
27	粉刷	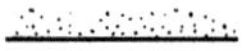	采用较稀的点

注：序号1、2、5、7、8、13、14、16、17、18、24、25图例中的斜线、短斜线、交叉斜线等一律为45°。

三、常用建筑构造、配件图例及说明（表1-6）

表1-6　常用建筑构造、配件图例

序号	名　称	图　例	说　明
1	墙体	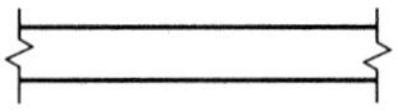	应加注文字或填充图例表示墙体材料，在项目设计图样中列材料图例表给予说明
2	隔断		包括板条抹灰、木制、石膏板、金属材料等隔断
3	栏杆	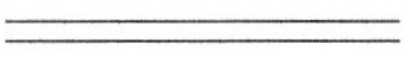	
4	楼梯	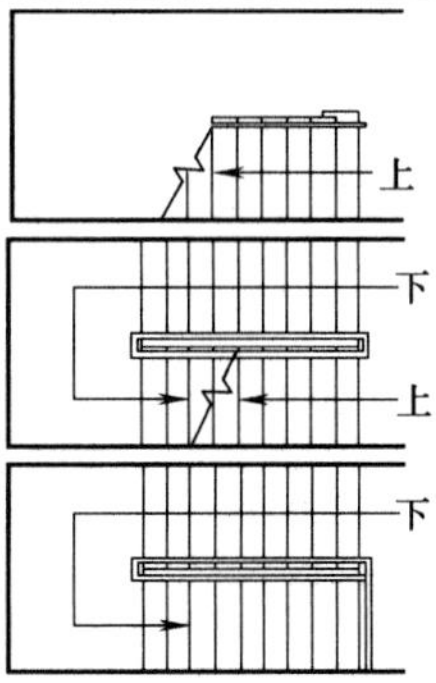	1. 上图为底层楼梯平面，中图为中间层楼梯平面，下图为顶层楼梯平面 2. 楼梯及栏杆扶手的形式和梯段踏步数应按实际情况绘制
5	坡道	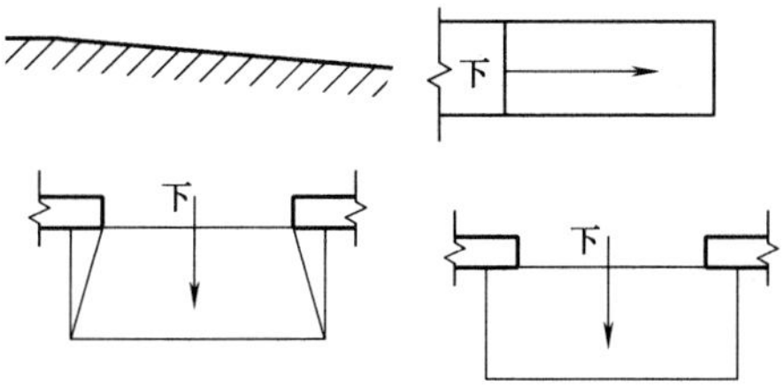	上图为长坡道，下图为门口坡道

(续)

序号	名 称	图 例	说 明
6	平面高差	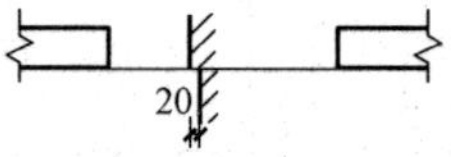	适用于高差小于100mm的两个地面或楼面相接处
7	检查口		左图为可见检查口，右图为不可见检查口
8	孔洞	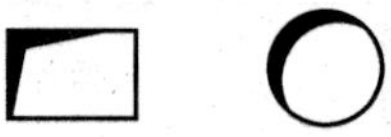	阴影部分可以涂色代替
9	坑槽	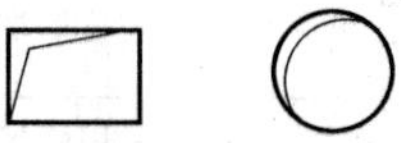	
10	墙预留洞	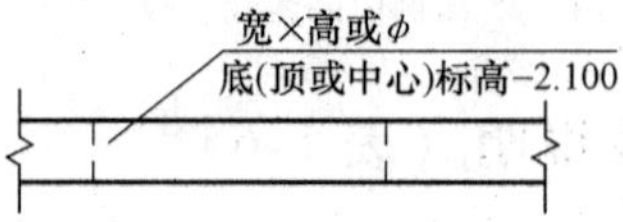 宽×高或φ 底(顶或中心)标高-2.100	1. 以洞中心或洞边定位 2. 宜以涂色区别墙体和留洞位置
11	墙预留槽	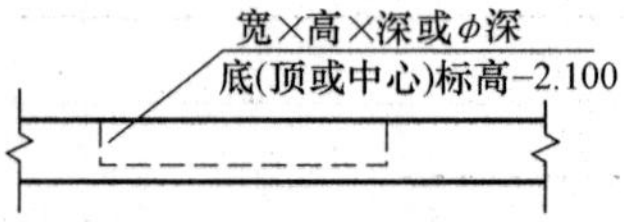 宽×高×深或φ深 底(顶或中心)标高-2.100	
12	烟道	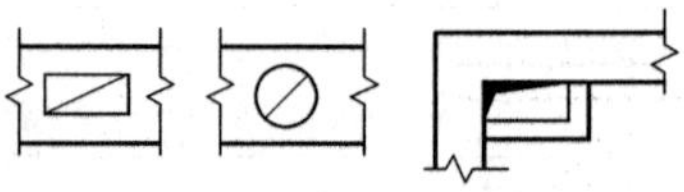	1. 阴影部分可涂色代替 2. 烟道与墙体为同一材料时其相接处墙线应断开
13	通风道	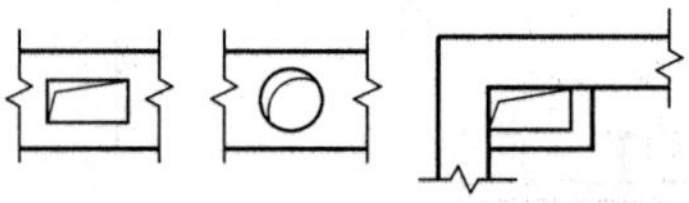	
14	墙和窗	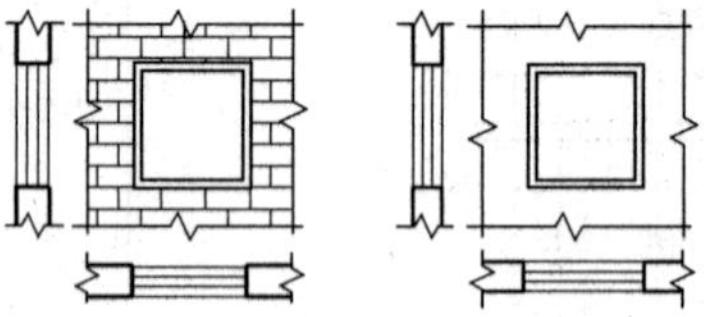	1. 左图为新建的墙和窗，右图为改建时保留的原有墙和窗 2. 小比例绘图时平面、剖面窗线可用单粗实线绘制
15	应拆除的墙	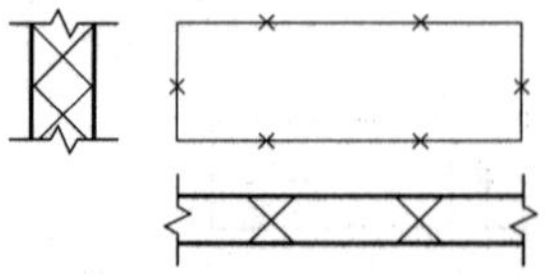	
16	在原有墙、楼板上新开洞	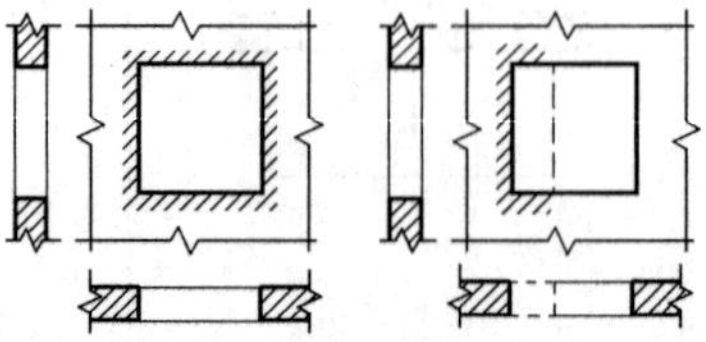	左图为全部新开，右图为在原有洞口旁扩大

（续）

序号	名　称	图　例	说　明
17	在原有墙、楼板上填塞的洞	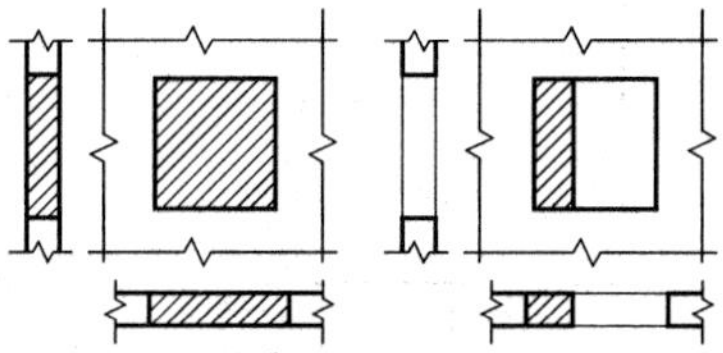	左图为全部填塞,右图为部分填塞
18	空门洞	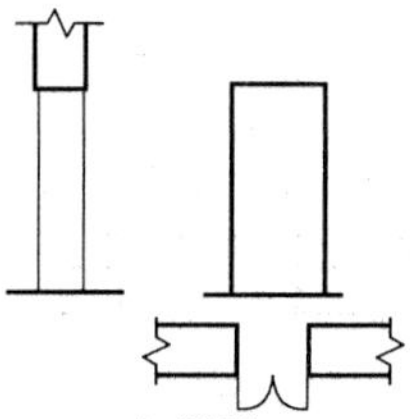 $h=2000$	h 为门洞高度
19	平开门或单面弹簧门	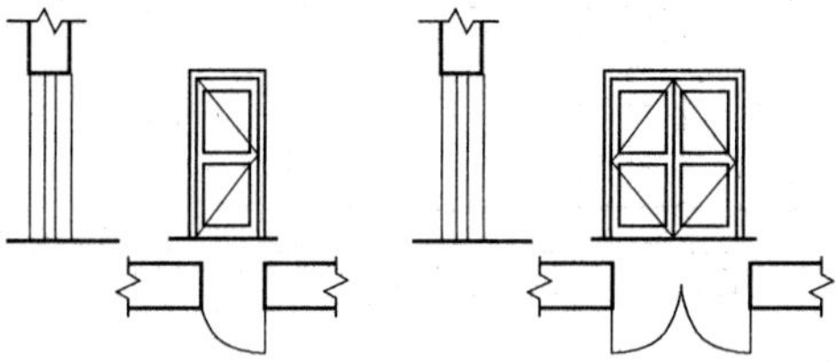	1. 门的名称代号为 M 2. 图例中剖面图左为外、右为内,平面图下为外、上为内 3. 左图为单扇、右图为双扇 4. 立面图上的斜线表示开启方向,实线为外开,虚线为内开。开启方向线交角的一侧为安装合页的一侧 5. 平面图上门线应 90°或 45°开启,开启弧线宜绘出 6. 立面图上的开启线在一般设计图中可不表示,在详图及室内设计图上应表示 7. 立面形式应按实际情况绘制
20	双面弹簧门	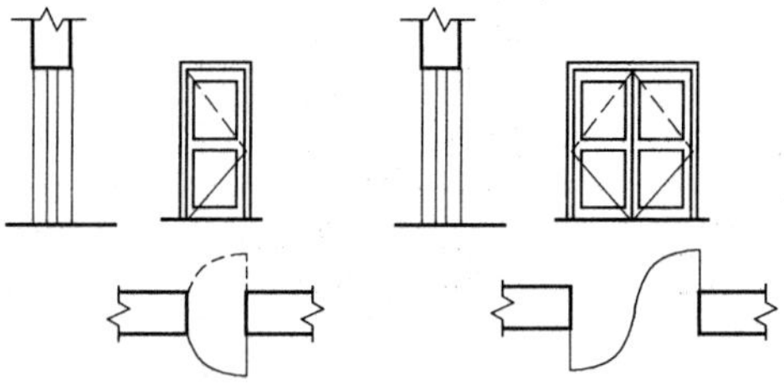	
21	双层门(包括平开或单面弹簧)	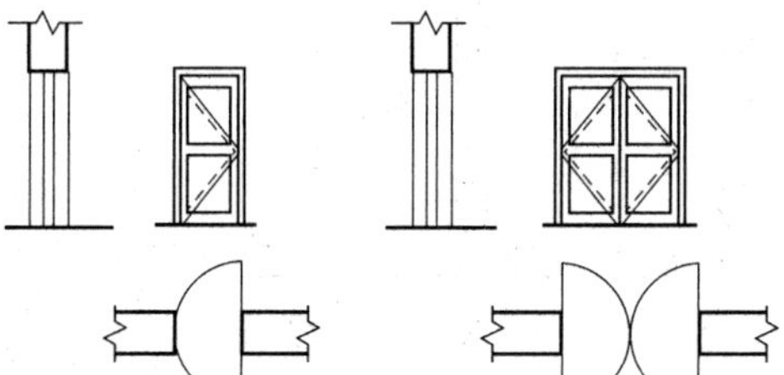	
22	折叠门	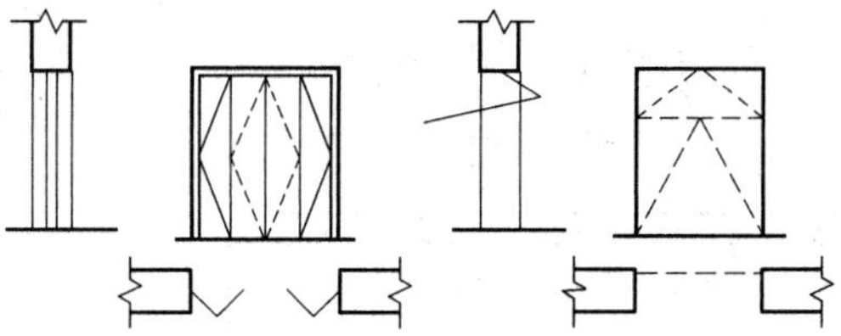	1. 门的名称代号为 M 2. 图例中剖面图左为外、右为内,平面图下为外、上为内 3. 立面图上开启方向线交角的一侧为安装合页的一侧,实线为外开,虚线为内开 4. 左图为对开折叠,右图为折叠上翻

(续)

序号	名称	图例	说明
23	推拉门	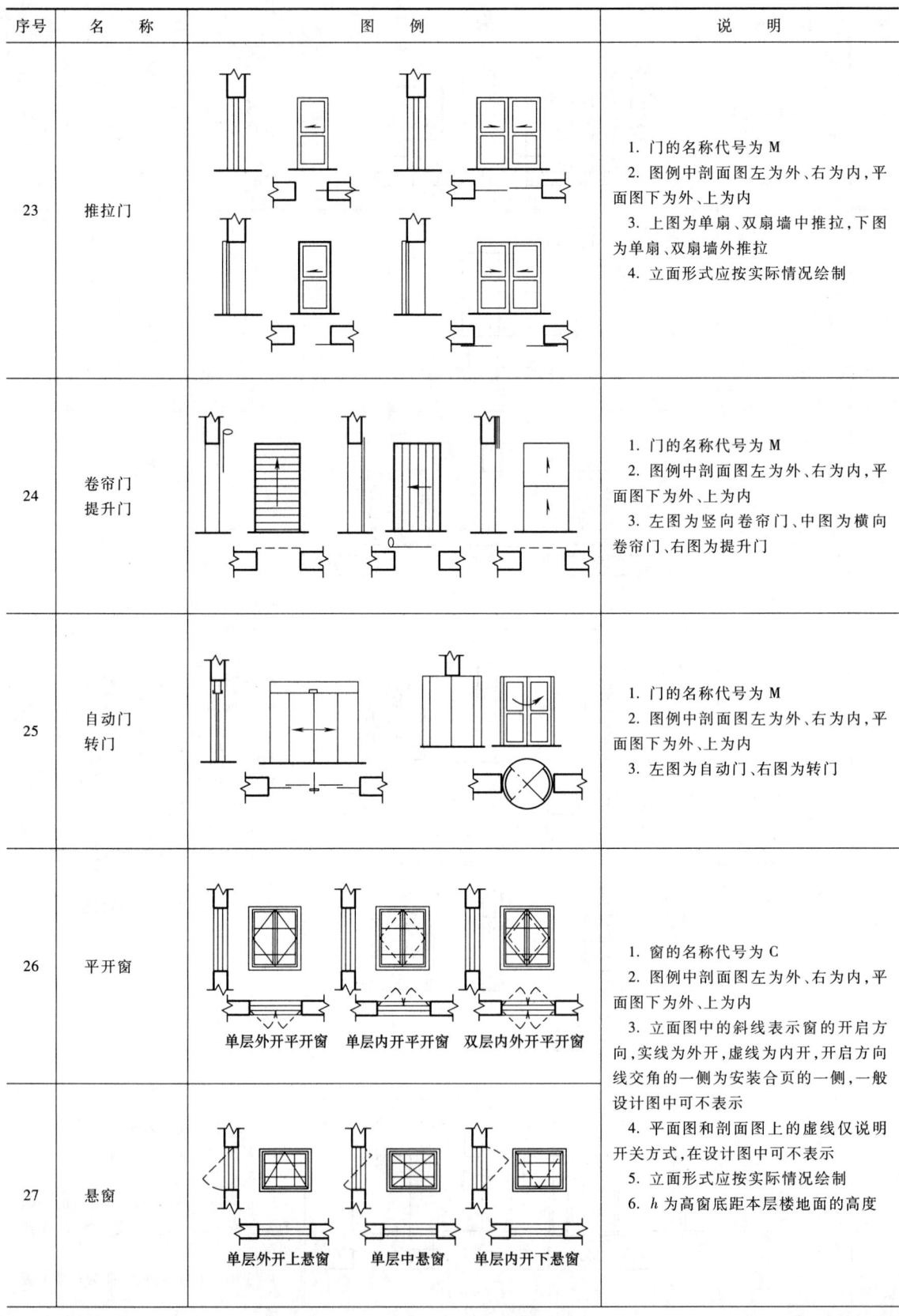	1. 门的名称代号为 M 2. 图例中剖面图左为外、右为内，平面图下为外、上为内 3. 上图为单扇、双扇墙中推拉，下图为单扇、双扇墙外推拉 4. 立面形式应按实际情况绘制
24	卷帘门 提升门		1. 门的名称代号为 M 2. 图例中剖面图左为外、右为内，平面图下为外、上为内 3. 左图为竖向卷帘门、中图为横向卷帘门、右图为提升门
25	自动门 转门		1. 门的名称代号为 M 2. 图例中剖面图左为外、右为内，平面图下为外、上为内 3. 左图为自动门、右图为转门
26	平开窗	单层外开平开窗　单层内开平开窗　双层内外开平开窗	1. 窗的名称代号为 C 2. 图例中剖面图左为外、右为内，平面图下为外、上为内 3. 立面图中的斜线表示窗的开启方向，实线为外开，虚线为内开，开启方向线交角的一侧为安装合页的一侧，一般设计图中可不表示 4. 平面图和剖面图上的虚线仅说明开关方式，在设计图中可不表示 5. 立面形式应按实际情况绘制 6. h 为高窗底距本层楼地面的高度
27	悬窗	单层外开上悬窗　单层中悬窗　单层内开下悬窗	

（续）

序号	名　称	图　例	说　明
28	立转窗 高窗 固定窗	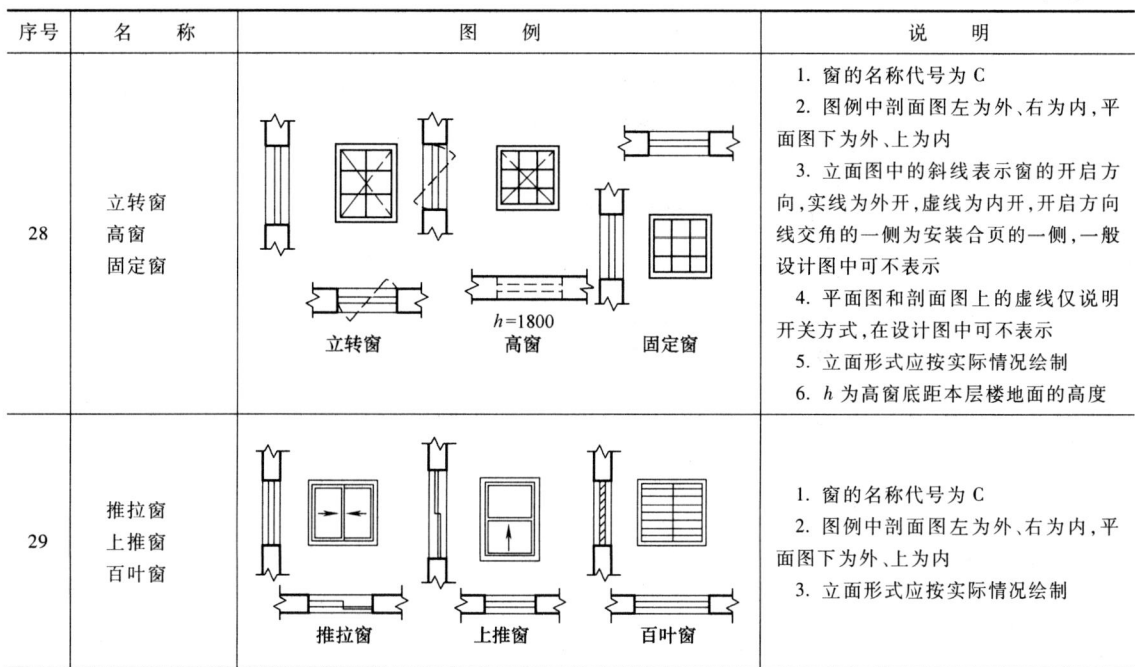	1. 窗的名称代号为 C 2. 图例中剖面图左为外、右为内，平面图下为外、上为内 3. 立面图中的斜线表示窗的开启方向，实线为外开，虚线为内开，开启方向线交角的一侧为安装合页的一侧，一般设计图中可不表示 4. 平面图和剖面图上的虚线仅说明开关方式，在设计图中可不表示 5. 立面形式应按实际情况绘制 6. h 为高窗底距本层楼地面的高度
29	推拉窗 上推窗 百叶窗		1. 窗的名称代号为 C 2. 图例中剖面图左为外、右为内，平面图下为外、上为内 3. 立面形式应按实际情况绘制

四、水平、垂直运输装置图例及说明（表 1-7）

表 1-7　水平、垂直运输装置图例

序号	名　称	图　例	说　明
1	电梯		1. 电梯应注明类型，并绘出门和平衡锤的实际位置 2. 观景电梯和特殊类型电梯应参照本图例按实际情况绘出
2	自动扶梯		1. 自动扶梯、自动人行道、自动人行坡道可正逆向运行，箭头方向为设计运行方向 2. 自动人行坡道应在箭头线段尾部加注"上"或"下"
3	自动人行道、 自动人行坡道		

（续）

序号	名 称	图 例	说 明
4	铁路		适用于标准轨及窄轨铁路,使用图例时应注明轨距
5	起重机轨道		
6	梁式起重机	$Gn=(t)$ $S=(m)$	1. 上图表示立面或剖切面,下图表示平面 2. 起重机图例宜按比例绘制 3. 有无操纵室,应按实际情况绘制 4. 需要时可注明起重机的名称、行驶轴线范围及工作级别 5. 图例符号说明:Gn 表示起重机起重量,以"t"计算;S 表示起重机的跨度或臂长,以"m"计算
7	桥式起重机	$Gn=(t)$ $S=(m)$	

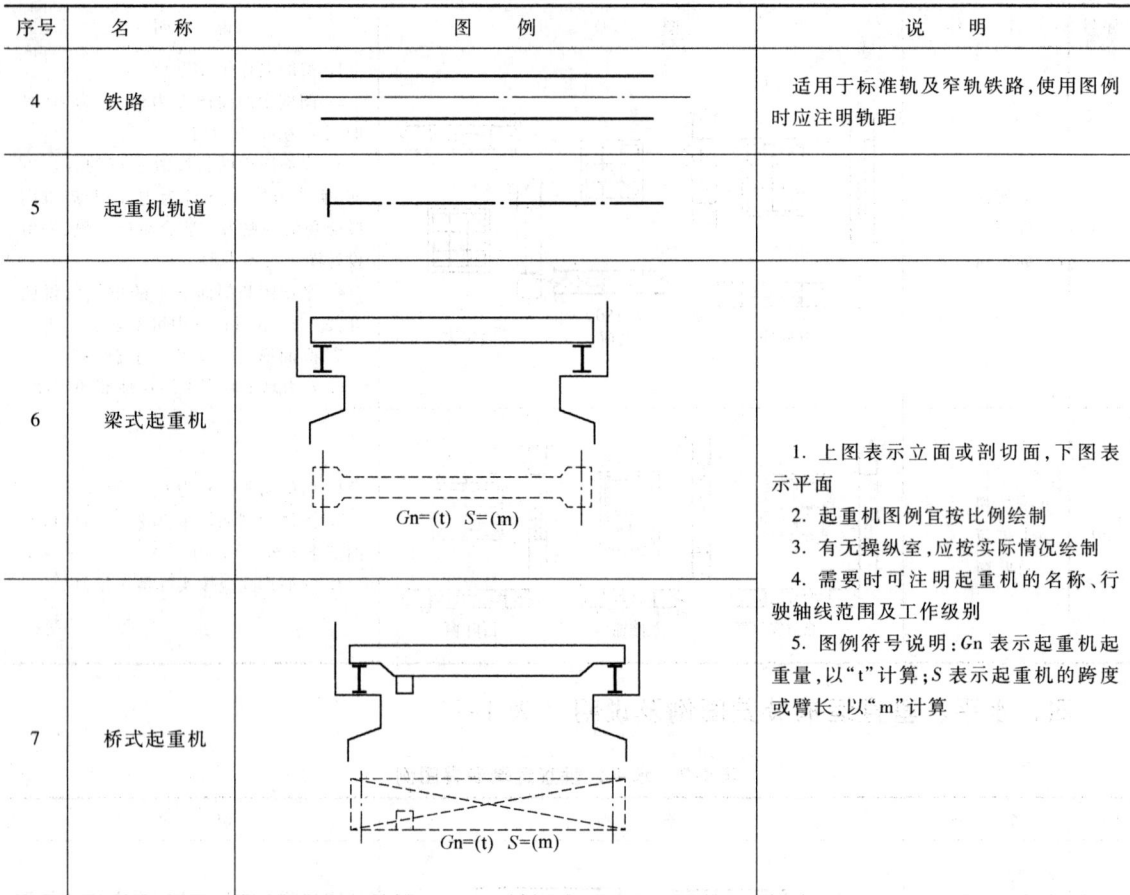

电动葫芦、梁式悬挂起重机、壁行起重机、悬臂起重机等其他垂直水平运输图例请参阅GB/T 50104—2001《建筑制图标准》。

五、建筑总平面图例及说明（表1-8）

表1-8 总平面图例

序号	名 称	图 例	说 明
1	新建建筑物	8 ▲	1. 需要时可用▲表示出入口,可在图形内右上角用点数或数字表示层数 2. 建筑物外形(一般以±0.000高度处的外墙定位轴线或外墙面线为准)用粗实线表示。需要时,地面以上建筑用中粗实线表示,地面以下建筑用细虚线表示
2	原有建筑物		用细实线表示
3	计划扩建的预留地或建筑物		用中粗虚线表示

(续)

序号	名称	图例	说明
4	拆除的建筑物	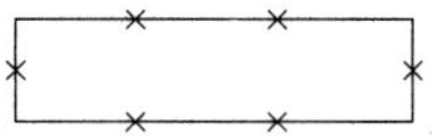	用细实线表示
5	建筑物下面的通道	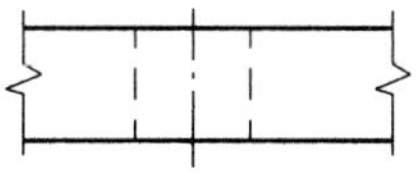	
6	铺砌场地	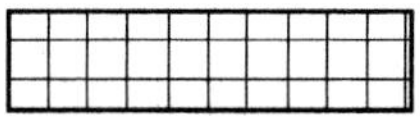	
7	烟囱	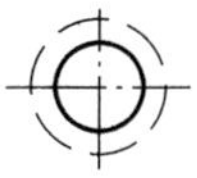	实线为烟囱下部直径,虚线为基础,必要时可注写烟囱高度和上、下口直径
8	围墙及大门	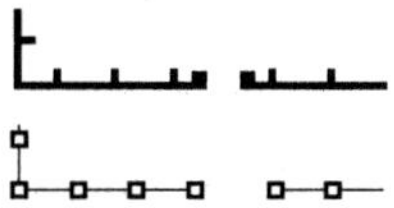	上图为实体性围墙,下图为通透性围墙,如仅表示围墙时不画大门
9	挡土墙	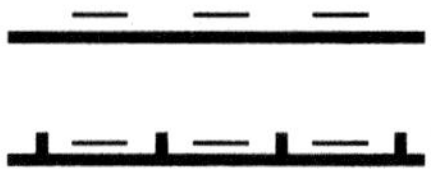	1. 被挡土在"突出"的一侧 2. 上图表示挡土墙、下图表示挡土墙上设围墙
10	台阶	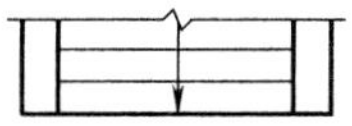	箭头指向表示向下
11	坐标	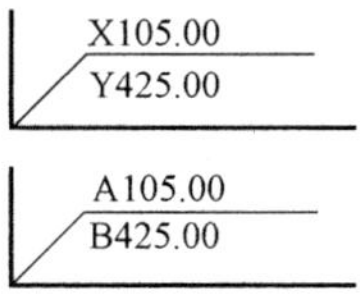 X105.00 / Y425.00 A105.00 / B425.00	上图表示测量坐标、下图表示建筑坐标
12	方格网交叉点标高	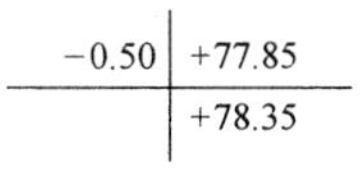 −0.50 | +77.85 | +78.35	右上为原地面标高,右下为设计标高,左上为施工高度,"−"表示挖方,"+"表示填方
13	填方区、挖方区、未平整区、零点线	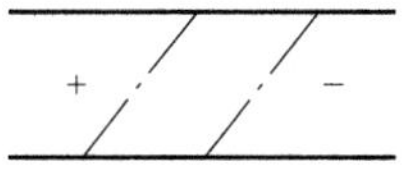	"+"表示填方区,"−"表示挖方区,中间为未平整区,点画线为零点线
14	填挖边坡 护坡	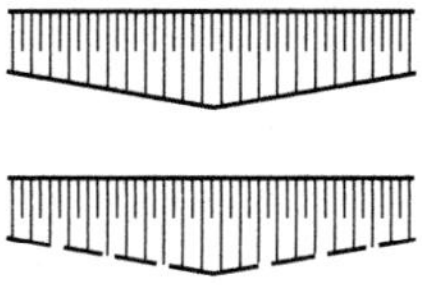	1. 边坡较长时,可在一端或两端局部表示 2. 下边线为虚线时表示填方

（续）

序号	名称	图例	说明
15	分水脊线与谷线	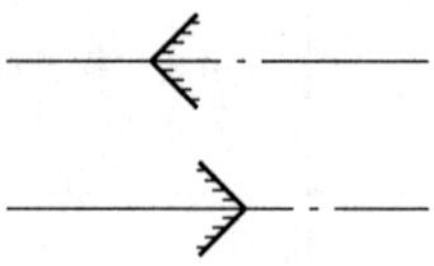	上图表示脊线，下图表示谷线
16	地表排水方向	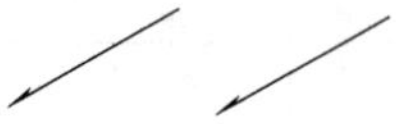	
17	室内标高	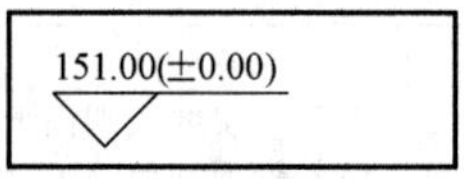 151.00(±0.00)	
18	室外标高	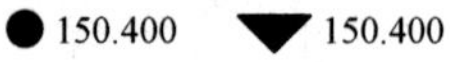 ● 150.400 ▼ 150.400	室外标高也可以采用等高线表示
19	新建道路	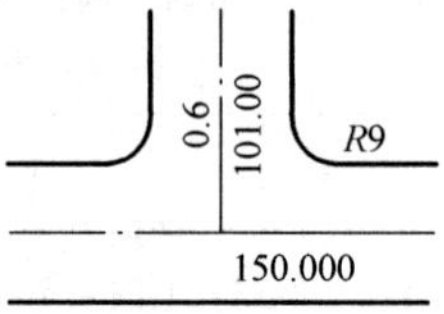	"R9"表示道路转弯半径为9m，"150.000"表示路面中心控制点标高，"0.6"表示0.6%的纵向坡度，"101.00"表示变坡点间的距离
20	原有道路	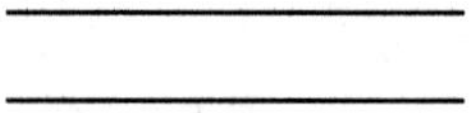	
21	计划扩建道路	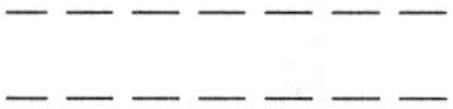	
22	拆除的道路	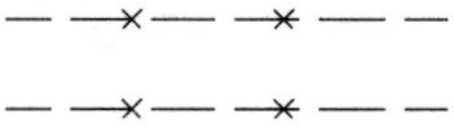	
23	桥梁	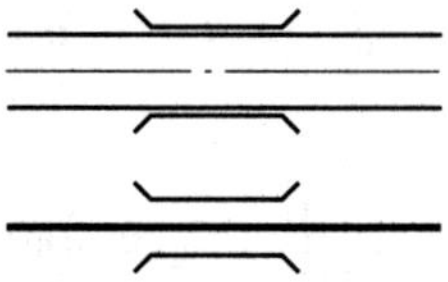	1. 上图为公路桥，下图为铁路桥 2. 用于旱桥时应注明

由于总平面涉及面广、内容较多，这里仅摘录常用图例。如需了解更多内容，请参阅（GB/T 50103—2001）《总图制图标准》。

第二章 识图相关的基本知识

第一节 建筑构造

一栋建筑一般由基础、墙或柱、楼地层、楼梯、屋顶及门窗等六大部分组成。

一、地基和基础

1. 基础

基础是建筑物最下面的部分，埋在地面以下，是地基之上的承重构件。它承受建筑物的全部荷载（包括基础自重），并将其传递到地基上，所以要求它坚固、稳定，且能抵抗冰冻、地下水与化学侵蚀等。基础的大小、形式取决于荷载的大小、土壤性能、材料性质和承重方式。基础有带（条）形、柱（独立）形、筏形及箱形等。基础的埋置深度不超过5m的称为浅基础，大于5m的称为深基础。

2. 地基

承受由基础传来的荷载而产生应力和应变的土层称为地基。地基分为天然地基和人工地基。天然土层具有足够的承载力，不需经人工改良或加固，可直接在上面建造房屋的称为天然地基。当土层的承载力较差，必须进行人工加固后才能在上面建造房屋，这种土层称为人工地基。常用的人工加固地基的方法有压实法、换土法和桩基。

3. 基础的埋置深度

由室外的设计地面到基础底面的距离称为基础的埋置深度。决定基础埋置深度的因素很多，主要应考虑下列几个条件：

1）地质构造关系。
2）地下水位。
3）冰冻线。
4）工程特点和周围环境条件。

4. 基础的形式与选择

基础的形式主要与上部结构形式相关，同时还随土层分布情况、地基容许承载力、荷载大小、受力方向等条件变化而不同。

（1）条形基础：条形基础呈连续带形，又称带形基础。墙下条形基础用于建筑物为混合结构的承重墙下。可采用灰土、砖、石、混凝土、钢筋混凝土等。柱下条形基础用于上部为框架结构或部分框架结构且荷载较大、地基软弱的建筑物。

（2）独立基础：独立基础呈独立的块状形式。柱下独立基础用于建筑物上部为框架结构。柱墩式、井柱式基础用于上部为承重墙结构且地基上层土层较弱的建筑物时，在墙下设承台梁承托，梁下间隔3~4m设一个柱墩或井柱。

(3) 满堂基础：满堂基础由成片的钢筋混凝土板支承整个建筑，板直接由地基土层来承担，或支承在桩基上。其整体性好，可以跨越基础下的局部软弱土。筏式基础多用于荷载集中、地基承载力差的情况；箱形基础用于基础埋深大，设地下室的情况。

5. 基础的建筑构造

建筑图中涉及基础的部分主要是防潮和防水。

(1) 当建筑物不设地下室时，与土壤接触的砖基础要抹水泥砂浆或防水砂浆防潮，并在室内地面下一皮砖处做水平防潮层。

(2) 按建筑物的使用功能有防水要求的地下室，采用桩基础时，桩头与承台交接处按设防要求做防水。

二、墙和柱

（一）墙体的类型与要求

(1) 墙体的类型：墙是建筑物的承重和维护构件。建筑物的墙体分类方式各有不同。根据所在位置分为内墙和外墙；根据受力情况分为承重墙和非承重墙；根据使用材料分为砌体墙（砖、石、各种混凝土小砌块）、混凝土墙、板材墙、复合墙体等；根据施工方法分为预制混凝土墙和现浇混凝土墙等。

承重墙是垂直方向的承重构件，承受屋顶、楼层等传来的荷载，要求坚固、稳定、耐久，且应充分利用其所具有的强度、保温、隔热、隔声等物理特性。有时为扩大空间或结构要求，不采用墙作为承重构件，而用柱来承重。

外墙应能抵抗风、雨、雪、低温、太阳辐射热的作用，分勒脚、墙身和檐口三部分，墙身部分还设有门、窗洞口及其过梁、壁柱等构件。

内墙用于分隔建筑物每层的内部空间。承重内墙能增加建筑物的坚固、稳定和刚性，非承重的内墙称为隔墙。

(2) 墙体的要求：墙体要满足强度、稳定性、热工性能、隔声、防火、防潮、防水以及工业化生产等要求。

（二）砖（砌体）墙的构造

(1) 砖（砌体）墙的尺寸有模数的要求。烧结粘土砖的尺寸为 240mm×115mm×60mm。空心砖的尺寸为 240mm×115mm×90mm。因此砖墙厚为 60mm、120mm、240mm、370mm、490mm、620mm、740mm 等，长度为 60mm、120mm、240mm、370mm、500mm、600mm、750mm 等。多数混凝土小砌块主砌块的尺寸为 290mm×190mm×190（90）mm，并辅以多种辅助砌块。墙体以 100mm 为模数。

(2) 砖（砌体）墙的组砌方式有实砌和空斗。排砖（块）必须遵守相关施工规范、规程要求，砂浆要饱满，上下层要错缝搭砌。

(3) 砖（砌体）墙的细部构造。砖（砌体）墙的细部构造要保证墙体的耐久性和墙体与其他构件的可靠拉结，必须对重点部位加强构造处理，如设构造柱、圈梁、拉结筋、空心砌块灌芯等。

（三）隔墙与隔断的构造

隔墙和隔断均不承受外来荷载，可直接设于楼板或承墙梁上。隔墙与隔断的区别是隔墙到楼板底，隔断不到楼板底，用于对隔声要求不高的场所。

（1）非承重的隔墙仅起分隔房间的作用，包括立筋隔墙、块材隔墙和条板隔墙。隔墙与楼板及梁下必须抵紧，并应有可靠连接，尤其是高层建筑的内隔墙，不应留有缝隙。隔墙的各处细部构造要按照各自的技术规程施工。

（2）共同要求

1）因不承重，且自重施加在楼板或梁、墙上，自重应越轻越好。

2）在满足强度、稳定性的情况下，厚度越薄越好，尽量少占房间面积。

3）根据具体情况，用于房间的隔墙应有一定的隔声性能；用于有水房间的隔墙应考虑防潮要求；用于不同部位的隔墙应满足相应耐火极限要求。

4）室内房间的分隔状况会随使用要求改变而变化，隔墙应尽可能易于拆除并不损坏其他部位构造。

（3）墙面抹灰

1）抹灰的作用主要是保护墙面，使墙面不受自然界的大气侵蚀（如抵御风雨、潮气等的破坏）；同时能使内外墙面及顶棚平整、光滑、清洁、美观；对于有特殊要求的房间，还能改善热工、声学、光学的物理性能。

2）抹灰层的总厚度：外墙抹灰平均为 15～25mm；内墙抹灰平均为 15～20mm；外保温薄抹灰 5～7mm。标准较高的抹灰分底层、中层、面层，一般民用建筑的抹灰做一道底层，一道面层，薄抹灰采用聚合物砂浆，压入耐碱玻纤网格布抗裂。抹灰底层主要起与基层粘结和初步找平的作用；抹灰中层主要起找平作用，它可以弥补底层因灰浆干燥收缩引起的裂缝；抹灰面层主要起装饰效果。

3）常用抹灰种类包括混合砂浆抹灰、水泥砂浆抹灰、水刷石基及干粘石饰面、斩假石饰面、水磨石饰面、瓷砖饰面等。

三、楼地层的建筑构造

楼地层是建筑物水平方向的承重构件，分为楼层和地层。楼层将建筑物分隔成若干层，并将其荷载传递到墙或柱上，对墙身起到水平支撑作用。楼层应具有足够的坚固性、刚性、耐磨以及隔声等特性。地层贴近土壤，要求坚固、耐磨、防潮、保温。

（一）楼板层的类型与要求

（1）按构成楼板层的主要材料和结构形式的不同，楼板层有钢筋混凝土楼板、木楼板和钢楼板等结构形式。按使用功能分为有水和无水楼面。有水流动或有水浸可能的楼面应采取防水、排水措施。设地漏或排水沟，地面向地漏或排水沟找坡。

（2）楼板层由结构层、面层和顶棚三个基本部分组成。有时根据功能需要，还需加设垫层、保温层等。

（二）钢筋混凝土楼板的构造

钢筋混凝土楼板按施工方式的不同，分为现浇整体式、预制装配式和装配整体式三种类型。

（三）楼地面的种类、组成、材料和构造

楼地面的种类可归纳为四类：整体地面、块料地面、木地面和人造软地面。一般由基层、垫层、面层组成。楼地面的设计要求包括：足够的坚固性、良好的保温性和弹性、防潮防火和耐腐蚀性、美观。

（四）天棚的构造

天棚分为吊顶和普通天棚。普通天棚由基层和面层构成。为解决房间内隔声、吸音或美观的要求，常在楼板的下部空间作吊顶。吊顶在构造上由吊筋、支撑结构、基层和面层四个部分组成。

（五）阳台和雨棚的构造

阳台按其与外墙面的关系可分为挑阳台、凹阳台、半挑阳台等几种形式。通常有现浇或预制构件两种。雨棚和悬挑阳台结构的受力状况和构造基本一样。

阳台栏杆或栏板是为防人下坠的设施，有镂空、实体两种，要求牢固、安全，有一定的净高。

四、屋面的建筑构造

（一）屋面的作用、组成、类型和防水等级

屋面是房屋最上层起覆盖作用的外围护构件。屋面由面层、保温（隔热）层、承重结构和顶棚等部分组成。屋面有多种类型，一般可分为平屋面、坡屋面、曲面屋面三大类。屋面工程根据建筑物的性质、重要程度、使用功能要求以及防水耐用年限等，将屋面防水分为四个等级。

（二）屋面的排水与防水

屋面要满足坚固耐久、防水、排水、保温（隔热）、耐侵蚀等要求。

（1）屋面的排水：不同材料的屋面应满足排水坡度要求。排水坡度的形成有材料找坡（亦称垫置坡度）、结构找坡（亦称搁置坡度）。屋面的排水方式分为无组织排水和有组织排水两类。

（2）屋面的防水：屋面防水方式有卷材防水、涂膜防水、刚性防水和瓦防水等。

（三）平屋面的构造

屋顶坡度小于1:10的称为平屋顶。平屋顶的支承结构常采用钢筋混凝土梁板。因其坡度小、排水慢，屋面积水机会多，易产生渗漏现象，所以对排水和防水处理更为重要。

1）平屋顶的基本组成除结构层外，主要有防水层、保护层。在结构层上常设找平层，采暖地区应铺设保温层，炎热地区应考虑隔热、通风等措施。

2）平屋面在使用上可分为上人屋面与不上人屋面。不上人屋面结构层主要考虑雪荷载和屋顶自重；上人屋面除上述荷载外还需考虑人在屋顶上活动时产生的活荷载，且屋面保护层要考虑耐磨损。

3）防水层由于使用材料和构造不同分为柔性防水屋面和刚性防水屋面。柔性防水屋面采用有胎或无胎的卷材，用胶粘剂铺贴在结构层上形成防水层。一般结构层应有一定的坡度，或用材料找坡，再用水泥砂浆找平后铺涂防水层。

刚性防水屋面包括涂料防水、防水砂浆和细石混凝土几种。选用时细石混凝土应避免由于温度引起的防水层热胀冷缩开裂的渗漏及结构变形撕裂防水层的漏水现象，采用铺设钢丝网、设分仓缝等措施。涂料防水是用可塑柔软的防水材料直接涂刷在基层上，形成防水薄膜。

（四）坡屋面的构造

坡屋面的承重结构有硬山搁檩和屋架承重及混凝土坡屋面等。坡屋面所采用的防水层包括各类瓦，常用的有粘土平瓦、小青瓦、波形瓦、水泥瓦等，金属材料有镀锌铁皮、铝合金大瓦、压型钢板、铝板等。

（五）屋面的保温与隔热

（1）保温材料必须是空隙多、表观密度小、导热系数小的材料。

（2）平屋面的保温构造有正铺法和倒铺法。

（3）平屋面的隔热构造措施有：种植屋面、蓄水屋面、通风隔热屋面、反射降温隔热屋面等四种方式。

（4）坡屋顶的隔热构造措施有：当有吊顶棚时，保温层应设在吊顶棚上，没有吊顶的保温层设在屋面层中。坡屋面的通风隔热一般是利用空气流动带走间层中的一部分热量，通风口一般设在檐口、屋脊、山墙等处。

五、楼梯的建筑构造

楼梯是建筑物中联系上下各层的垂直交通设施。

（1）楼梯的组成与类型：一般楼梯是由梯段、平台和中间平台、扶手和栏杆（栏板）三大部分组成的。一般建筑物中，最常见的楼梯形式是双梯段的并列式楼梯。现浇钢筋混凝土楼梯的构造做法有板式、梁式等。

（2）楼梯的尺度：楼梯的坡度范围在20°～45°之间。楼梯的宽度包括梯段的宽度和平台的宽度。规范规定梯段净高不应小于2.2m，平台处的净空高度不应小于2.0m。梯段的净宽应为扶手中心线至侧墙或另一扶手中心线的宽度，一般平台宽度不应小于梯段净宽。扶手的高度应能够保证人员上下楼梯的安全。楼梯要有保护、防滑措施。

民用建筑楼梯踏步的高宽比应符合表2-1的规定。

表2-1 楼梯踏步最小宽度和最大高度　　　　　　　　　　（单位：m）

楼梯类别	最小宽度	最大高度
住宅共用楼梯	0.25	0.18
幼儿园、小学校等楼梯	0.26	0.15
电影院、剧场、体育馆、商场、医院、疗养院等楼梯	0.28	0.16
其他建筑物楼梯	0.26	0.17
专用服务楼梯、住宅户内楼梯	0.22	0.20

（3）栏杆、栏板和扶手：栏杆或栏板是为防人下坠的设施，有镂空、实体两种。扶手是栏杆或栏板顶面供手扶的设施。

六、门窗的建筑构造

建筑门窗是建筑物围护结构的重要组成部分，外门供出入，内门主要起交通联系和分隔空间的作用，窗供采光和通风。用于特殊部位时还有防火、抗爆的作用。

1. 门的作用、类型与构造

门的作用有通行与安全疏散、围护、采光通风及美观的作用。

门的类型很多，按设置位置分为内门和外门；按材料分为木门、钢门、塑料门、铝合金门等；按门的开关方式分为平开门、弹簧门、推拉门、转门等。

平开门由门框、门扇组成。门框与门扇之间用铰链连接，还有拉手、插销、锁具等五金零件。

2. 窗的作用、类型与构造

窗有采光、日照、通风、围护、美观等作用。

窗按材料分为木窗、塑料窗、铝塑窗、铝合金窗等；按开关方式分为固定窗、平开窗、转窗、推拉窗等。

窗主要由窗框和窗扇组成。窗扇有玻璃扇、纱窗扇、百叶扇等，另外也有铰链、风钩、插销等五金零件。

第二节　建筑防火基本知识

一、火灾发生基本条件和防火基础知识

（一）概述

建筑火灾是一种违反人们意志，在时间和空间上失去控制的燃烧现象。弄清燃烧的条件，对预防、控制和扑救建筑火灾有十分重要的指导意义。

1. 燃烧条件

燃烧是同时伴有放热和发光效应的剧烈的氧化反应。放热、发光、生成新物质是燃烧现象的三个特征。燃烧需同时具备三个条件：可燃物、氧化剂和点火源。

2. 燃烧条件在消防工作中的应用

一切防火与灭火措施的基本原理，就是根据物质燃烧的条件，阻止燃烧三个条件同时存在、互相结合、互相作用。

3. 防火的基本措施

防火的基本措施有控制可燃物、隔绝空气、消除着火源，阻止火势蔓延。

4. 灭火的基本方法

灭火的基本方法有隔离法、窒息法、冷却法、抑制法。

5. 燃烧类型及常用术语

（1）闪燃与闪点：可燃气体或蒸汽与空气混合而形成混合可燃气体，当遇明火时会发生一闪即灭的火苗或闪光，这种燃烧现象称为闪燃。能引起可燃物质发生闪燃的最低温度称为该物质的闪点。

（2）着火点与燃点：可燃物质在与空气共存的条件下，当达到某一温度时与火源接触，立即引起燃烧，并在火源移开后仍能继续燃烧，这种持续燃烧的现象称为着火。可燃物质开始持续燃烧所需的最低温度，叫做燃点或着火点。

（3）自燃与自燃点：自燃是可燃物质不用明火点燃就能够自发着火燃烧的现象。可燃物质在没有外部火花或火焰的条件下，能自动引起燃烧和继续燃烧时的最低温度称为自燃点。

（4）爆炸与爆炸极限：爆炸是物质由一种状态迅速地转变成另外一种状态，并在极短时

间内释放大量能量的现象。

可燃气体、可燃蒸气和可燃粉尘一类的物质与空气混合在一起，在浓度所达到的一定比例范围内，形成爆炸性的混合物，此浓度界限的范围称为爆炸极限。

（二）建筑起火的原因

（1）生活和生产用火不慎。

（2）违反生产安全制度。

（3）电气设备设计、安装、使用及维护不当。

（4）纵火和自然现象引起：自燃、雷击、静电、地震等。

（5）建筑布局不合理，建筑材料选用不当。

（三）建筑设计防火对策和措施

1. 建筑设计防火对策

防火对策可分为两类，一类是积极防火对策，即采用预防起火、早期发现（如设火灾自动报警系统）、初期灭火（如设自动喷水灭火系统）等措施。另一类是"消极"防火对策，即采用以耐火构件划分防火分区，提高建筑结构耐火性能、设置防排烟系统、设置安全疏散楼梯等措施。

2. 建筑设计防火措施

（1）建筑设计防火的主要内容包括：总平面防火，建筑物耐火等级，防火分区和防火分隔，防烟分区，室内装修防火，安全疏散，工业建筑防爆。

（2）消防给水灭火系统内容包括：室外消防给水系统，室内消火栓给水系统，闭式自动喷水灭火系统，雨淋喷水灭火系统，水幕系统，水喷雾消防系统及二氧化碳灭火系统，卤代烷灭火系统等。

（3）暖通、空调系统防火内容包括：防排烟系统以及设备选型，布置设备和配件，防火构造处理等。

（4）电气防火及火灾自动报警控制系统包括：根据建筑物性质，合理确定消防供电级别，做好消防电源、配电线路、设备的防火设计，做好火灾事故照明和疏散指示标志设计，采用先进可靠的火灾报警控制系统。

（四）建筑构件的耐火性能

建筑物是由许多建筑构件组成的（如墙、柱、梁、板、屋顶承重构件等），因此建筑物的耐火程度高低，直接取决于这些建筑构件在火灾高温作用下的耐火性能，即建筑构件的燃烧性能和耐火极限。

1. 建筑构件的燃烧性能

不同燃烧性能建筑材料制成的建筑构件，可分为三类：不燃烧体、难燃烧体、燃烧体。

2. 建筑构件耐火极限是划分建筑耐火等级的基础数据，也是进行建筑物构造防火设计和火灾后制定建筑物修复方案的科学依据。

（1）耐火极限定义：建筑构件的耐火极限是指构件在标准耐火试验中，从受到火的作用时起，到失去稳定性或完整性或绝热性止，这段抵抗火作用的时间，一般以小时计。

（2）耐火极限的判定：耐火极限的判定分为分隔构件、承重构件以及具有承重、分隔双重作用的承重分隔构件。

（五）耐火材料的选用

1. 防火涂料

防火涂料种类很多，按使用对象和涂层厚度一般可将防火涂料分为饰面型防火涂料和钢结构（包括预应力混凝土楼板）防火涂料两大类别。

（1）饰面型防火涂料：饰面型防火涂料按分散介质分为水性和溶剂型两大类。

（2）钢结构防火涂料：钢结构防火涂料按使用胶粘剂的不同可分为有机防火涂料和无机防火涂料两类。

2. 防火板材

防火板材分两类，一类是密度大、强度高的薄板；另一类是密度较小的厚板。

二、建筑防火简介

（一）建筑的防火分类

建筑分为民用建筑、厂房、库房三大类，每种建筑又分为单层、多层、高层。无楼层建筑的是单层建筑；除住宅是以10层及10层以上划分外，有楼层的建筑，高度超过24m的为高层。高层民用建筑又分为一类、二类。厂房和库房按生产和储存物品的火灾危险性分为甲、乙、丙、丁、戊类。

（二）总平面防火

在建筑之间留出防火间距、设置消防车道能防止着火建筑的辐射热在一定时间内引燃相邻建筑，便于消防扑救。

（三）建筑的耐火等级

1. 建筑物耐火等级的划分

建筑物耐火等级是由组成建筑物的墙、柱、梁、楼板、屋顶承重构件和吊顶等主要建筑构件的燃烧性能和耐火极限决定的。

2. 建筑物耐火等级的选定

建筑物耐火等级是根据建筑物的使用功能、建筑的层数、高度、生产和储存物品的火灾危险性选定的。

（四）建筑物的防火分区、分隔

1. 防火分区

防火分区是在建筑内部采用防火墙、耐火楼板及其他防火分隔设施分隔而成，能在一定时间内防止火灾向同一建筑的其余部分蔓延的局部空间。

防火分区建筑面积的大小取决于建筑的耐火等级、使用功能、高层建筑的类别、厂房生产的火灾危险性、库房储存物品的火灾危险性。例如，普通多层民用建筑的防火分区建筑面积为 $2500m^2$，一类高层民用建筑的防火分区建筑面积为 $1000m^2$，二类高层民用建筑的防火分区建筑面积为 $1500m^2$，地下建筑防火分区建筑面积为 $500m^2$，当设置火灾报警和自动喷淋时面积还可以加倍，特殊使用功能还会放宽或减少。

现行的《建筑设计防火规范》、《高层民用建筑设计防火规范》、《汽车库、修车库、停车场设计防火规范》等对此作了详细规定。

2. 防火分隔

防火分隔是在同一防火分区的不同使用功能房间之间设一定耐火极限的墙、楼板、门窗等，例如设在建筑物内的车库与相邻其他部分要设耐火极限不低于 3.0h 的不燃烧体隔墙和不低于 2.0h 的不燃烧体楼板、外墙门窗洞口上方设置出挑不小于 1.0m，耐火极限不低于 1.0h 的不燃烧体防火挑檐。

3. 防烟分区

在建筑内部屋顶或顶板、吊顶下采用具有挡烟功能的构配件进行分隔形成的，具有一定蓄烟能力的空间。其作用是为阻止火灾烟气迅速扩散蔓延，并利于设于此分区的排烟风机排除烟气。

（五）室内装修防火

建筑内部装修，在民用建筑中包括顶棚、墙面、地面、隔断的装修，以及固定家具、窗帘、帷幕、床罩、家具包布、固定饰物等；在工业厂房中包括顶棚、墙面、地面和隔断的装修。建筑内部装修应妥善处理装修效果和使用安全的矛盾，积极采用不燃性材料和难燃性材料，尽量避免采用在燃烧时产生大量浓烟或有毒气体的材料。

（六）建筑的安全疏散

1. 安全出口和房间疏散门

安全出口是指供人员疏散用的楼梯间、室外楼梯的出入口或直通室内外安全区域的出口。楼梯间有敞开、封闭、防烟等形式，不同的建筑对楼梯间有不同的规定。

除特殊规定外，建筑的每层或不同的防火分区应设不少于两个的安全出口，面积或使用人数超过一定规定的房间也应设不少于两个的疏散门。

2. 安全疏散距离

安全疏散距离是指直接通向疏散走道的房间疏散门至最近安全出口的距离或房间内任一点到该房间直接通向疏散走道的疏散门的距离。

现行防火规范对不同使用功能的建筑的安全疏散距离作了详细规定。

3. 疏散宽度

疏散宽度是指疏散走道、安全出口、疏散楼梯以及房间疏散门的宽度，应根据使用人数经计算确定，并不小于规范规定的最小宽度。

（七）建筑防爆

有爆炸危险的建筑或场所要按规定采取防爆措施、设置泄压设施。

三、建筑消防设施

1. 消火栓给水系统

消火栓给水系统是建筑物的主要灭火设备。消防队员或其他现场人员在火灾时利用消火栓箱内的水带、水枪实施灭火。

2. 自动喷水灭火系统

闭式自动喷水灭火系统是常见的固定灭火系统。采用闭式喷头，通过喷头感温元件在火灾时自动将喷头堵盖打开喷水灭火。

3. 防排烟系统

防排烟系统的设置目的是将火灾时产生的大量烟气及时排除，阻止烟气从着火区向非着火区蔓延扩散，特别是防止烟气侵入作为疏散通道的走廊、楼梯间及其前室，以确保建筑物内人员顺利疏散、安全避难和为消防队员扑救创造有利条件。

4. 火灾自动报警与联动控制

火灾自动报警与联动控制技术是综合性消防技术，是现代电子技术和计算机技术在消防中应用的产物。火灾自动报警与联动控制技术研究的主要内容是：火灾参数的检测技术、火灾信息处理与自动报警技术、消防设备联动与协调控制技术、消防系统的计算机管理技术以及系统的设计、构成、管理和使用等。

第三章 建筑施工图简介

第一节 图纸总封面和图纸目录

一、图纸总封面

总封面是一套建筑设计图纸的封皮（图3-1），应注明以下内容：
（1）项目名称。
（2）编制单位名称。
（3）项目的设计编号。
（4）设计阶段。
（5）编制单位法定代表人、技术总负责人、项目负责人的姓名及其签字或授权盖章。
（6）编制年、月（即出图年、月）。

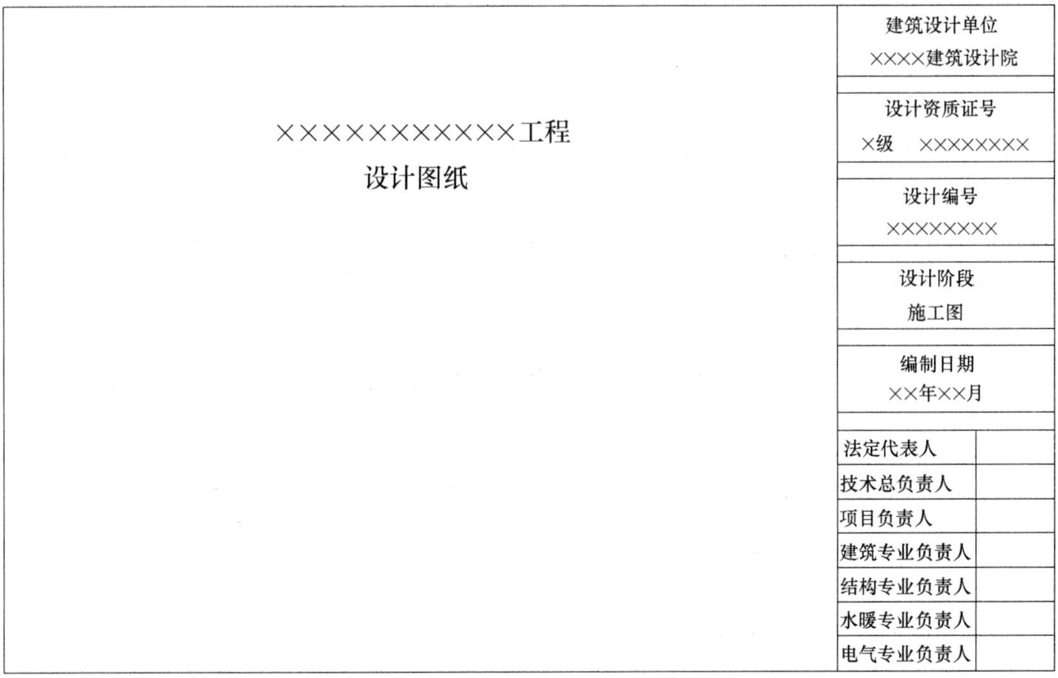

××××××××××工程 设计图纸	建筑设计单位 ××××建筑设计院
	设计资质证号 ×级　××××××
	设计编号 ××××××
	设计阶段 施工图
	编制日期 ××年××月
	法定代表人
	技术总负责人
	项目负责人
	建筑专业负责人
	结构专业负责人
	水暖专业负责人
	电气专业负责人

图3-1　总封面

二、图纸目录

图纸目录能反映图纸的工种分类编排、页数、内容，便于图纸的阅读、分析和掌握。图纸目录上的图号编排顺序应与图纸一致（图3-2）。

××××建筑设计院	图纸目录		专业	建筑	设计阶段	施工图
			工程编号	×××××××	××年××月	
	建设单位	××××××房地产开发公司	校对		第1页	
	工程名称	××××工程	编制		共4页	
序号	图号	图名	图幅	备注		
1	总(施)-01	总平面图	A2			
3	建(施)-01	首层平面图	A1			
7	建(施)-05	①~⑩轴立面图	A1			
20	建(施)-18	节点详图	A1			
	03J930-1	住宅建筑构造		中国建筑标准设计研究院编制		

图3-2 图纸目录

设计中引用国家、地方编制的标准图集（册）、通用图集（册）以及大型设计单位自行编制的本院通用图集（册），能简化出图工作量，把设计内容表达清楚。此时在图纸目录中要列出这些图集（册）的名称、编号和编制单位。阅读施工图时，需根据这些内容查找相应图集（册）。阅读这些标准或图集（册）时，要先阅读该图集（册）的总说明，了解编制该图集（册）的设计依据、使用范围、施工要求、注意事项及其有关的表示方法等。这对理解和掌握施工图内容是十分必要的。

第二节 设计（总）说明

一、设计（总）说明内容

设计（总）说明涉及工程的性质、设计依据、建设用地、建设规模、技术要求、质量标准等内容：

（1）施工图设计的依据性文件、批文和相关规范。
（2）项目概况。
（3）设计标高。
（4）用料说明和室内外装修。
（5）采用的新技术、新材料的做法说明及特殊建筑造型和必要建筑构造的说明。
（6）门窗表及门窗性能、用料、颜色、玻璃、五金件等的要求。
（7）幕墙工程及特殊屋面工程的性能和制作要求、平面图、预埋件安装图等以及防火、安全、隔声构造。

(8) 电梯选择及性能说明。

(9) 墙体及楼板预留洞需封堵时的封堵方式说明。

(10) 其他应说明的项目。

二、实例

结合某小区高层住宅楼的设计说明介绍表3-1。

表3-1 建筑设计（总）说明

建筑设计总说明

一、设计依据

1. 建设主管部门批复文件(×发改投资[2006]21号),城市规划(×规城管字[2006]第5号)、消防、人防、卫生等建审部门的审批意见

2. 建设单位提供的城市规划线测设图(2006设字131号)、规划图、设计任务书及建设方意见、会议纪要

3. 现行的国家有关商店、住宅的建筑设计规范、规程、规定：

(GB 50045—95)《高层民用建筑设计防火规范》；

(GB 50368—2005)《住宅建筑规范》；

(GB 50096—1999)《住宅设计规范》；

(JGJ 50—2001)《城市道路和建筑物无障碍设计规范》；

(JGJ 26—95)《民用建筑节能设计标准(采暖居住建筑部分)》；

(GB 50140—2005)《建筑灭火器配置设计规范》；

(GB 50345—2004)《屋面工程技术规范》；

(GB 50352—2005)《民用建筑设计通则》；

(JGJ 48—88)《商店建筑设计规范》；

其他相关规范

二、工程概述

1. 工程名称：××小区1#楼

建设单位：×××房地产开发有限公司

建设地点：××市××路以北,××路以南,××路以东,××路以西,具体位置见总平面图

建筑性质：商服网点住宅

小区设计等级：二级

设计范围及内容：本设计包括的范围含建筑基地以内的建筑、结构、给水排水、采暖、强电、弱电工程。上述内容在施工图设计文件中未表示的部分将另行设计

2. 小区用地面积：18644.49m^2,建设高层住宅2栋,多层住宅4栋,总建筑面积：47500m^2

本栋建筑面积：19424.15m^2,含1/2阳台建筑面积：865.45m^2

3. 建筑层数：地上17层

建筑总高度：50.0m(北侧檐口)

4. 建筑功能布局：一层为商服网点,2~17层为单元式住宅

5. 建筑结构形式：框支剪力墙结构

建筑结构类别：3类

设计使用年限：50年

抗震设防烈度：6度。

抗震设防类别：丙类

6. 防火设计建筑分类：高层二类民用建筑。

耐火等级：二级

7. 防火说明：每层一个防火分区,商服网点采用耐火极限1.5h楼板,耐火极限2.0h隔墙与住宅和其他用房完全分隔；每单元设一部有天然采光和自然通风的封闭楼梯间,梯段净宽不小于1.1m；设一部载重量800kg消防电梯,电梯前室面积

(续)

不小于 4.5m²;单元墙为防火墙,单元墙两侧窗间距不小于 2.0m,分户门为甲级防火门,窗槛墙高度不小于 1.2m,窗间墙宽度不小于 1.2m。商服网点不与住宅共用出口

8. 指标:住宅 96 户,其中建筑面积 90m² 以下 80 户

三、设计标高与尺寸标注

1. 设计标高:本工程设计标高 ±0.000 相当于绝对高程 120.400m
2. 施工放线:总平面所注坐标及建筑尺寸为建筑结构外包尺寸
3. 标高标注:各层标注标高为建筑完成面标高,屋面标高为结构面标高
4. 尺寸单位:本工程标高以米为单位,总平面尺寸以米为单位,其他尺寸以毫米为单位
5. 洞口尺寸:平面、立面、剖面图中所注尺寸均为结构或砌筑墙尺寸,一般以抹灰 20mm 厚作为施工后洞口装修的尺寸依据,各门洞洞口高度除特别注明外,均为本层建筑标高起计算高度,遇卫浴等降标高房间,门洞应从较高的地面起计算洞口尺寸
6. 施工图应以所标注尺寸为准,施工中不得直接以图纸比例量度测算

四、墙体工程

1. 墙体基础部分详见结构图
2. 外墙:为节能墙体。承重部分为混凝土梁、柱、墙外贴苯板,非承重部分为 190mm 厚陶粒混凝土空心砌块外贴苯板
3. 内墙:承重墙为混凝土剪力墙,非承重内墙为 90mm 或 190mm 厚陶粒砌块,以各层平面及放大图标注为准
4. 墙身防潮层:墙身水平防潮层设在 -0.600m 处,用 30mm 厚 1:2.5 水泥砂浆掺防水剂(遇混凝土墙处除外),室内地坪标高变化处防潮层应重叠搭接 200mm,并在有高差埋土侧墙身设垂直防潮层
5. 墙体留洞及封堵:钢筋混凝土墙上的留洞见结施及设备图;砌筑墙留洞见建施及设备图。砌筑墙留洞待管道设备安装完毕后用 C20 细石混凝土填实。砌筑的通风道内壁应随砌随用原浆抹平。管道竖井待管道安装完毕后每层在楼板处用相当于楼板耐火极限的后浇楼板做防火分隔墙,管道井检修门为丙级防火门,水暖井门底为楼层标高,电井门底距地面 0.5m
6. 墙体抹灰

(1) 内墙面凡不同墙体材料交接处(包括内墙与梁、板交接处),各种线盒及配电箱周边,管线穿墙处,消火栓周边及背面,门窗安装前、安装后抹灰接茬处,均应铺钉 10mm×10mm 钢丝网抹灰,每边搭接尺寸 150mm。楼梯间配电箱、消火栓箱背面还应加贴 30mm 厚苯板

(2) 所有房间阳角均用 1:2 水泥砂浆做护角,护角宽 100mm,高 2000mm

(3) 窗口及突出墙面的线脚下面均应抹出滴水线

(4) 室外散水坡处,防水砂浆做到高于散水坡 300mm

五、屋面工程

1. 本工程屋面防水等级为二级,耐用年限为 15 年,防水卷材自防,平屋面柔性防水层采用自粘沥青防水卷材双层总厚 3mm,不上人平屋面做法选用标准图集《03J930—1》105 页 3,上人屋面增设砂垫层铺块材,屋面做法选用标准图集《03J930—1》106 页(6)
2. 屋面做法及屋面节点索引见建施图"屋面排水布置图",露台雨篷等见各层平面图及有关详图
3. 本工程设隔汽层,采用 SBS 改性沥青防水卷材 2mm 厚,隔气层应沿墙面向上铺设,并与屋面的防水层相连接,形成全封闭的整体。保温层采用 100mm 厚挤塑聚苯板,密度不小于 35kg/m³,分双层错缝铺贴
4. 屋面排水组织见"屋面排水布置图",内排水雨水管见水施图,外雨水管、雨水斗接口详见标准图集《99J201—1》29 页节点 1,水落管见标准图集《99J201—1》33 页,除图中另有注明外,雨水管公称直径均为 DN100mm,雨水口及雨水管在施工中应采用措施严加保护,严禁杂物落入雨水管内。各屋面防水层应从排水集中部位最低标高处顺序向上进行,接缝应顺水流方向并考虑主导风向。屋顶坡度应严格按施工图中要求找泛水。屋面防水施工时应保证基层干燥
5. 管道出屋面做法参见标准图集《99J201—1》44 页(3)、(4);风道出屋面做法参见标准图集《99J201—1》47 页(1)

六、门窗工程

1. 外门窗抗风压性能为 3 级,气密性能为 5 级,水密性能不低于 2 级,传热系数不大于 2.0W/(m²·K),隔声性能不低于 5 级(45dB)
2. 门窗玻璃选用三层透明中空玻璃,并应执行《建筑玻璃应用技术规程》和《建筑安全玻璃管理规定》,玻璃的品种、厚度应符合《建筑玻璃应用技术规程》6.2 条的规定,落地窗、玻璃门、玻璃隔断等易受人体或物体碰撞部位的玻璃应在视线高度设醒目的贴膜警示
3. 门窗立面表洞口尺寸,请生产厂家按门窗立面图及技术要求(包括风压要求)按该厂型材实际情况及建筑物实际洞口尺寸绘制加工图,经确认后方可施工

(续)

4. 门窗选料、颜色、玻璃等见门窗表附注，防火门、防盗门、电子门的预埋件，由厂家提供，按要求进行预埋
5. 塑钢门窗框与洞口之间应用聚氨酯发泡剂填充做好保温构造处理，不得将外框直接嵌入墙体，以防门窗周边结露
6. 防火墙和公共走廊上疏散用的平开防火门应设闭门器，双扇平开防火门应设闭门器和顺序器，并且在关闭后能从任何一侧手动开启

七、装修工程
1. 外装修材料颜色见各立面图及外墙详图
2. 外装修采用的各项材料其材质、规格、颜色等，均应由施工单位提供样板，经建设和设计单位确认后封样，并据此验收
3. 内装修工程执行《建筑内部装修设计防火规范》，楼地面部分执行《建筑地面设计规范》，一般装修见室内装修表
4. 凡用水房间设地漏，地面用1.5mm厚聚氨酯涂膜防水，四周沿墙卷起150mm。地面均以0.5%坡度坡向地漏，未注明整个房间做坡度者，在地漏周围1m范围内做1%坡度坡向地漏，有水房间的楼地面应低于相邻房间20mm以上或做挡水门槛，房间四周除洞口外做C20混凝土上翻梁，高度不小于120mm，与墙同厚
5. 内装修选用的各项材料，均由施工单位制作样板和选样，经确认后封样，并据此进行验收

八、防腐防锈工程
凡与砖、石、混凝土接触嵌入的木构件部分均浸刷沥青防腐，金属构件部分刷樟丹防锈，室内外各露明金属件除锈后刷防锈漆2道后再做面漆，镀锌薄钢板泛水刷灰铅油，各项油漆均由施工单位制作样板，经确认后封样，并据此进行验收

九、无障碍设计
1. 本工程无障碍设计内容：入口、平台、垂直与水平交通
2. 各户型土建满足无障碍住宅要求，设备、设施由装修设计安装
3. 建筑入口：设坡度为1:12且净宽度不小于1.2m的坡道；入口平台：宽不小于2.00m
4. 住宅设无障碍电梯，电梯厅进深不小于1.8m，轿厢尺寸不小于1100mm×1400mm（宽×深）；电梯轿厢无障碍设施按（JGJ 50—2001）《城市道路和建筑物无障碍设计规范》7.7.3条执行
5. 住宅公共走道宽不小于1.50m

十、室外工程
室外踏步做法见标准图集《03J930—1》15页(1)；残疾人用坡道做法见标准图集《03J930—1》27页(1)、(5)；散水坡做法见标准图集《03J930—1》22页(7)；均在素土夯实后设400mm厚中粗砂垫层防冻胀，见节点。室外散水坡在有弯角处设缝，直段每6m设伸缩缝一道，缝宽20mm，散水、台阶、坡道与外墙间设通长缝，缝宽10mm，缝内均满填沥青胶泥

十一、设备设施工程
1. 楼梯为水泥砂浆面层，水泥防滑条，做法见《06J403—1》49页(6)，钢栏杆、木扶手做法见《06S403》69页，扶手高度距踏步前缘0.9m，水平段大于0.5m时，扶手净高1.05m，栏杆垂直件净距不大于0.11m
2. 信报箱设置执行《住宅区信报箱群(间)工程设计规范》，设于一层门厅内，每户一个
3. 安全防范措施按当地有关规定设置
4. 住宅部分通风道采用变压式通风道，见标准图集《J916—1～2》通风口设算子挡风。出屋面设自力式风帽
5. 厨房、浴厕的卫生洁具：购成品陶瓷，由建设单位看样后订货，应选用节水型洁具
6. 气包窝：住宅地热采暖，商服网点暖气明挂，均不设气包窝
7. 窗台板：为水泥砂浆窗台，窗台板用户自理
8. 住宅每单元设电梯一部，兼做消防电梯，详见图注，电梯选用三菱宽轿厢电梯，电梯载重量800kg，梯速1.5m/s，层站数17层17站

十二、其他
1. 本图所标注的各种留洞与预埋件应与各工种密切配合后，确认无误方可施工
2. 施工中应严格执行国家各项施工质量验收规范
3. 本施工图如需更改，应经设计者认定同意提出设计变更及修改意见后方可改动

如工程设有地下室，应增加"地下室防水工程"，说明防水等级、防水措施、材料要求、防水混凝土的施工缝、设备专业穿墙管预留洞、转角、坑槽、后浇带等部位和变形缝等薄弱环节的建筑构造。设有防空地下室时，还应说明人防的平时用途、战时用途、抗力等级、建筑面积、掩蔽面积及临战转换措施等。

室内外装修名称及构造做法一般用室内装修表（表3-2）、构造做法表（表3-3）的形式说明。

表 3-2 室内装修表

房间名称		楼、地面		踢脚		墙裙		墙面		顶棚		备注
		名称	编号	名称	编号	名称	编号	名称	编号	名称	编号	
一层	门厅、走廊	石材	地3	石材	踢3	石材	裙1	涂料	内墙1	吊顶	棚3	—
	楼梯	水泥砂浆	地1	水泥砂浆	踢1	—	—	涂料	内墙1	涂料	棚1	
	商店	细石混凝土	地2	水泥砂浆	踢1	—	—	涂料	内墙1	涂料	棚1	
标准层	居室、起居室	水泥砂浆	楼1	水泥砂浆	踢1	—	—	涂料	内墙1	涂料	棚1	
	厨房、卫生间	水泥砂浆	楼2	水泥砂浆	踢2	—	—	墙砖	内墙2	吊顶	棚2	防水
	电梯间、走廊	石材	楼3	石材	踢3	—	—	涂料	内墙1	涂料	棚1	—

表 3-3 构造做法表

编号	名称	构造层次
地1	水泥砂浆地面	20mm厚1:2水泥砂浆找平压光 素水泥浆一道（内掺建筑胶） 30mm厚CL7.5轻集料混凝土 50mm厚挤塑板 100mm厚C15混凝土垫层 素土夯实
地3	石材	20mm厚石材板干水泥擦缝 30mm厚1:3干硬性水泥砂浆结合层表面撒水泥粉 素水泥浆一道（内掺建筑胶） 30mm厚CL7.5轻集料混凝土 50mm厚挤塑板 100mm厚C15混凝土垫层 素土夯实

门窗列出门窗表（表3-4）并辅以相关说明。

表 3-4 门窗表

类别	序号	设计编号	门窗类型	洞口尺寸 （宽/mm）× （高/mm）	数量			备注
					一层	标准层	总数	
门	1	M0820	实木门	800×2000	—	18×17	306	订购成品
	2	WM1020	防盗门	1000×2000	3	—	3	订购成品
	3	FM甲1220	甲级防火门	1200×2000	—	6×17	102	甲级防火门兼户门,消防部门认定的产品
窗	1	C0926	单框三玻平开塑钢窗	900×2600	6	—	6	由甲方定,分格参见J(施)-70
	2	C1526		1500×2600	10	—	10	由甲方定,分格参见J(施)-70
	3	C1216		1200×1600	—	6×17	102	由甲方定,分格参见J(施)-70
	4	C1516		1500×1600	—	12×17	204	由甲方定,分格参见J(施)-70

说明：1. 塑钢门窗选用双色共挤墨绿色PVC型材，规格66mm三密封型材，三层中空玻璃，玻璃间距不小于12mm。阳台门填充料采用PU树脂发泡材料。
2. 门窗开启线表示方法：实线表示外开，虚线表示内开，实线加虚线表示双向开启，箭头表示推拉窗，无线表示固定窗。
3. 门窗生产厂家应负责提供安装详图，并配套提供五金配件。预埋件（固定铁脚）位置视产品定，但每边不得少于两个，边距180mm，间距不大于600mm。
4. 防火疏散门和防火墙上防火门应在门的疏散方向安装单向闭门器，管井检修门应安装暗藏式插销以防误开。
5. 门窗表和门窗详图尺寸均为洞口尺寸，需现场实测后，按洞口尺寸减去保温层及饰面材料厚度加工。
6. 外门窗除特殊标注外为外立樘（不含保温层），内门窗中立樘。
7. 本工程玻璃采用普通透明浮法玻璃，玻璃的厚度应符合《建筑玻璃应用技术规程》6.2条的规定，落地窗、玻璃门、玻璃隔断等易受人体或物体碰撞部位的玻璃应在视线高度设醒目的贴膜警示。
8. 门窗数量以实际为准。

第三节　建筑总平面图

一、建筑总平面图概述

建筑总平面图能表明新建房屋所在基地（由城市规划管理部门批准的，用"用地界线"限定的建设用地）范围内的总体布置，反映新建、拟建、原有和拆除的房屋、构筑物等的位置和朝向，室外场地、道路、绿化等的布置，地形、地貌、标高等以及原有环境的关系和邻界情况等。

建筑总平面图也是房屋及其他设施施工的定位、土方施工以及绘制水、暖、电等管线总平面图和施工总平面图的依据。

二、建筑总平面图的内容

建筑总平面图中包括以下内容：

(1) 保留的地形和地物。
(2) 测量坐标网、坐标值。
(3) 场地四界的测量坐标（或定位尺寸），道路红线和建筑红线或用地界线的位置。
(4) 场地四邻原有及规划道路的位置（主要坐标值或定位尺寸），以及四邻主要建筑物和构筑物的位置、名称、层数。四邻道路、水面、地面的关键性标高。
(5) 场地内的建筑物、构筑物的名称或编号、层数、定位（坐标或相互关系尺寸）、室内外地面设计标高。
(6) 广场、停车场、运动场地、道路、无障碍设施、排水沟、挡土墙、护坡的定位（坐标或相互关系尺寸）。广场、停车场、运动场地的设计标高，道路、排水沟的起点、变坡点、转折点和终点的设计标高、纵坡度、纵坡距、关键性坐标，表明道路双面坡、单面坡。挡土墙、护坡的顶部和底部的主要设计标高及护坡坡度。
(7) 指北针或风玫瑰图。
(8) 建筑物、构筑物使用编号时，应列出"建筑物和构筑物名称编号表"。
(9) 注明设计依据、尺寸单位、比例、坐标及高程系统、补充图例，列出主要技术经济指标表。

三、建筑物、构筑物在总平面图上的定位方式

建筑物、构筑物在总平面图上的定位方式基本上有两种：一种是依据城市的坐标系统，标注建筑物两个对角的坐标值；另一种是依据该地段上原有的永久性房屋或城市道路的中心线为基准定位，标注相互关系尺寸。

四、实例

结合某小区总图实例（见书后插页图3-3、图3-4）介绍如下：

(1) 以灰度线将测绘图中保留的地形、标高、树木、电杆、绿地等绘制在底图上。
(2) 因基地较小，未给出测量坐标网和坐标值，但基地周边均有规划、测绘部门设的

"钉"点,其坐标点由其记录,地面的测量控制标高也标于"钉"点上,如"钉7"为119.980m,"钉10"为119.800m。

(3) 放线定位时用"钉"点确定道路中心线,用地界线为粗虚线,分别距太平大街中心线15.0m,距太平南北路2中心线10.0m,距太平南北路3中心线10.0m,距东直路中心线30.0m。这就是四邻道路红线的范围。

(4) 建设地点在太平大街、太平南北路2、东直路、太平南北路3街区内。以点画线表示道路中心线,周边四邻及街区内保留建筑的性质及层数均标于建筑上,如用地街区的东角保留了一栋7层住宅,距新建2#楼0.1m,距新建6#楼48.5m,距用地界线8.0m。四邻道路标高为测量标高,如东直路中心线为120.160~120.460m,人行路面为120.260~120.290m。

(5) 小区新建6栋建筑,编号区分,建筑性质以图例辅以文字,图例分住宅和公建两种,住宅底层设服务设施时用文字注明,如6#南侧部分底层设社区服务和公厕,其他底层设车库。用相互关系尺寸定位。如东直路道路中心线与"钉7"和"钉10"的连线平行,距连线15.38m,用地界线距东直路道路中心线30.0m,1#、2#楼的底层距用地界线2.0m,标准层退底层5.0m,建筑进深12.4m。

在建筑上用数字表示建筑层数,1#、2#楼17层,坐落于相连的1层的裙房上,3~6#楼为6层。

(6) 道路、广场的定位也以相互关系尺寸定位,室内外标高、道路标高见竖向设计图及其说明(表3-8)。

(7) 总图比例为1:1000,指北针显示用地与北向夹角接近45°,图名为"总平面图"。

(8) 注写相关的说明见表3-5,技术经济指标包括用地面积、用地性质、总建筑面积、容积率、建筑密度、绿化率、建筑高度、停车位、必备设施等主要技术经济指标见表3-6,必备公共设施面积及位置分布见表3-7。

表3-5 总平面图的说明

附注: 1. 本图的绘制依据为哈尔滨市规划局规审字[2006]×××号,××市×××研究院城市规划建筑线测设图2006年设字第×××号测绘工程报告书 2. 本工程设计标高±0.000,相当于1#楼的绝对高程为:120.400m;2#楼:120.400m;3#楼:120.300m;4#楼:120.000m;5#楼:120.200m;6#楼:120.200m。采用城市坐标系,大连高程系统 3. 本图设计尺寸均为外墙控制尺寸,与用地红线相关距离由外墙皮算起 4. 高程、距离的单位以"米"计 5. 南侧、北侧、西侧建筑外墙平行于建筑红线布置 6. 小区内部道路宽4.0m,转弯半径6m,承载力不小于30kN/m³,消防车道下的管道、暗沟能承受消防车辆的压力

表3-6 主要技术经济指标

用地面积/m²		18644.49	建筑占地面积/m²	5225.06
用地性质		居住用地(R)	建筑密度(%)	28.02
总建筑面积/m²		47510	绿地面积/m²	6100
地上	住宅	39025.15	绿化率(%)	32.72
	1/2阳台	1210	停车位/辆	138
	阁楼	0	建筑高度	6层19m,17层50m
	公建和车库	7274.85	住宅户数	
地下			备注	
容积率		2.55		

表 3-7 必备公共设施面积及位置分布表

必备公共设施	建筑面积/m²	所 在 位 置
老年活动中心	217.10	6#
未成年人活动中心	200.10	6#
社区服务站	220.19	6#
警务室	32.39	6#
公厕	85.70	6#
垃圾压缩间	150	独立设置

表 3-8 竖向设计图的说明

设计依据: 1. 总平面布置图 2. 该区域位置的 1/1000 场地平整及相邻道路高程图 3. 道路长度及定位以所提供规划方案图为基础,数据从图中量算得出 设计原则: 1. 充分满足地面排水要求 2. 道路最小设计纵坡不小于 0.2% 3. 充分结合现状地貌,合理分配土方量,尽量减少工程造价 设计说明: 1. 本图坐标系采用城市坐标系,高程系统为大连高程系统 2. 该小区地势坡向北侧,高差为 0.8m 左右,场地坡度较小 3. 本图比例为 1:1000,高程与道路长度单位为米,道路横坡取 1.0% 4. 场地设计标高为平均标高 5. 室内地坪 4#楼高差为 850~900mm,车库为 100~150mm,商业用房为 100~300mm,单体设计时应结合竖向设计,以设计为准 6. 在进行建设前应再一次现场测量核实现状标高及规划标高,并按本设计较核建筑踏步

第四节 建筑平面图

一、建筑平面图概述

建筑平面图是建筑专业施工图中最为重要、最基本的图纸,其他图纸多是以它为依据派生和深化而成。建筑平面图也是其他工种进行相关设计与制图的依据,其他工种对建筑的技术要求也主要在平面图中表示(如柱断面尺寸、管道竖井、留洞、坑槽等)。

建筑平面图是假想用一个水平的剖切面沿门窗洞位置将房屋剖切后,对剖切面以下部分所作的水平投影图。它反映出房屋的平面形状、大小和布置、墙、柱的位置、尺寸和材料,门窗的类型和位置等。

对于多、高层建筑,一般应每层有一个单独的平面图。但一般建筑常常是中间几层平面布置完全相同,这时就可以省掉几个平面图,只用一个平面图表示,这种平面图称为标准层平面图。

除顶棚平面图按镜像投影法绘制外,各种平面图是按正投影法绘制的。建筑物平面图是在建筑物的门窗洞口处水平剖切俯视(屋顶平面图应在屋面以上俯视),图内一般包括剖切面及投影方向可见的建筑构造以及必要的尺寸、标高等,以虚线绘制表示高窗、洞口、通气孔、槽、地沟及起重机等不可见部分。

对平面较大的建筑物,为了能看清楚,可分区绘制平面图,但每张平面图上会绘制组合示意图。各区应分别用大写拉丁字母编号。在组合示意图中要提示的分区,采用阴影线或填充的方式表示。根据工程性质及复杂程度选绘局部放大平面图。

为表示室内立面在平面图上的位置，在平面图上用内视符号注明视点位置、方向及立面编号。

二、建筑平面图的内容

建筑平面图的主要内容有：

（1）承重墙、柱及其定位轴线和编号，内外窗的位置、编号、定位尺寸，门开启方向，房间名称或编号。轴线总尺寸（或外包总尺寸）、轴线间尺寸（柱距、跨度）、门窗洞口尺寸、分段尺寸。

（2）墙身厚度（包括承重墙、非承重墙，必要时标注柱与壁柱宽、深尺寸）及其与轴线的关系。

（3）变形缝的位置、尺寸、做法索引。主要结构和建筑部件（台阶、阳台、雨篷、散水、地沟、人孔、坑槽、设备基座等）的位置、尺寸、做法索引。

（4）主要建筑设备（如卫生洁具、雨水管）和固定家具（如隔断、台、橱）的位置、做法索引，电梯、扶梯、楼梯的位置、上下方向示意和编号索引。

（5）楼、地面预留孔洞和通气管道、管井、烟囱、垃圾道等位置、尺寸和做法索引，墙体（填充墙、承重砌体墙）预留洞的位置、尺寸、标高或高度。

（6）车库的停车位和通行线路，特殊工艺要求的土建配合尺寸。

（7）室外地面标高、底层地面标高、各楼层标高，剖切线位置及编号（底层平面及需要剖切的平面位置）。

（8）平面节点详图及详图索引号，放大平面图及索引号。

（9）指北针（画在底层平面上），防火分区面积和分隔示意图，图纸名称、比例。

（10）屋面平面图应有女儿墙、坡度、坡向、雨水口、分水线、变形缝、楼梯间、上人孔、检修梯等，必要的详图索引号、标高。

三、实例

建筑施工图中的平面图，一般有：首层平面图、标准层平面图、顶层平面图、屋顶平面图、平面详图。结合工程实例介绍如下：

（一）首层平面图（见书后插页图 3-5）

有时也称底层平面图、一层平面图。是指 ±0.000 地坪所在楼层的平面图。例图的图名后注明比例1:100，有指北针。墙下部外围设 900mm 宽散水，防雨水侵蚀，入口处设台阶。为方便残疾人使用，住宅入口设坡道，平台宽2m，商服网点平台宽1.5m（至少不小于1.4m）。本工程为商服网点住宅，18 层以下，防火设计分类为高层二类，设封闭楼梯间和消防电梯（要求设前室）。楼梯间和前室的门要求为乙级防火门，向疏散方向开启，竖向管井的检修门为丙级防火门。

结构形式为框支剪力墙结构，主要承重墙及柱编写轴号，非承重墙编写分轴号。门窗编号，为方便区分，外门表示为"WM"，并将洞口宽、高作为编号，防火门加注"FM乙"表示防火门及级别。

尺寸线注明了建筑外包、单元长度、轴线间距、洞口及窗间墙尺寸四道（增加单元轴线长宽尺寸）。同时标注内外墙厚度与定位轴线的关系，如外墙外皮至轴线为200mm，内皮至轴线为100mm。

右侧设有变形缝，注明轴线距，索引做法；每户商服网点设有卫生间，卫生间内设有便器和水盆等洁具；且标出楼梯的上下方向示意；附设水井、电井、卫生间的排气道位置；墙面上预留箱表的洞用编号区分，并在图面说明中注明尺寸、高度；室外地面标高 −0.100m，室内地面标高 ±0.000；并注明向左看的剖切位置和剖切号，由于楼电梯间的墙比较密集，所以编号后以局部放大的形式单独绘制；最后标明各房间的名称。

图名下注明本层面积、墙体材料的图例、留洞尺寸、高度、配备灭火器的型号、数量、设置要求等。

（二）标准层平面图（见书后插页图3-6）

这是1#楼 3~15 层的平面，标注了各层的标高和层高（2.8m）及各墙体轴线编号。这里标注同样采用四道尺寸；将房间名称、门窗编号、厨房、卫生间布置洁具，管井、排气道位置，图名和比例标出。图名下注明了本层面积、墙体材料图例、留洞的尺寸和高度。

因为是每单元设一部楼梯的18层及以下高层住宅，所以要求单元墙为防火墙，墙两侧窗洞口水平间距不小于2.0m，分户门为甲级防火。

住宅单元很多是重复使用的，所以会用放大图的形式详注细部尺寸，在组合平面图中不再一一注明，但会标出单元编号（以楼梯为单元，编为"1单元"、"2单元"…，而单元镜像可编为"1反单元"），且对应放大，以便查阅。

随着楼层的加高，承重墙或柱截面尺寸经常会变小，因此要用尺寸注明或图面说明，以免遗漏、出错。

标准层平面图的楼梯会出现剖断线，在楼层标高处注明上、下跑。

⑬轴处空调板有断面详图，所以应绘出断面剖切号，剖视方向向左。

（三）屋顶平面图（见书后插页图3-7）

屋顶平面图是从高空向下俯视的正投影图，用以表达屋顶形式、排水方式及其他设施。例图为平屋面，标注图名，比例1:100。

因标高49.000m的屋面被高出的楼、电梯间、风机房断开，所以在单元间设分水线（即垫坡的最高点），以2%的坡度坡向出屋面的楼、电梯间方向，墙面处向水流方向垫坡，形成从每一个墙转角开始的汇水线，坡度1%，坡向标高49.900m。女儿墙处的排水口，排至设于阳台的内排水构件。标高52.300m和53.700m的屋面各自找坡分别排向穿过标高52.900m和54.400m女儿墙的外排水构件。

保留轴线号和轴间尺寸并绘出索引雨篷、水簸箕、变形缝、排气道出屋面的做法。图面说明中注明排水构件、排水管、水簸箕的尺寸、材质、质量要求、细部做法等。

第五节 建筑立面图

一、建筑立面图概述

一座建筑物是否美观，很大程度上决定于它在主要立面上的艺术处理，包括造型与装修是否优美。在设计阶段，立面图主要用于研究艺术处理而在施工图中，它主要反映房屋的外貌和立面装修的做法。

在与房屋立面平行的投影面上所作房屋的正投影图，称为建筑立面图，简称立面图。其中反映主要出入口或比较显著地反映出房屋外貌特征的那一面的立面图，称为正立面图，其余的立面图相应地称为背立面图和侧立面图。但通常也按房屋的朝向来命名，如南立面图，北立面图、东立面图和西立面图等。有时也按轴线编号来命名，如①~⑩立面图或Ⓐ~Ⓔ轴立面图等。

按投影原理，立面图上应将立面上所有看得见的细部都表示出来。但由于立面图的比例较小，如门窗扇、檐口构造、阳台栏杆和墙面复杂的装修等细部，往往只用图例表示。它们的构造和做法，都另有详图或文字说明。因此，习惯上往往对这些细部只分别画出一两个作为代表，其他都可简化，即画出它们的轮廓线。若房屋左右对称时，正立面图和背立面图也可各画出一半，单独布置或合并成一张图。合并时，应在图的中间画一条铅直的对称符号作为分界线。

房屋立面如果有一部分不平行于投影面，例如成圆弧形、折线形、曲线形等，可将该部分展开到与投影面平行，再用正投影法画出其立面图，在图名后注写"展开"两字。对于平面为回字形的房屋，它在院落中的局部立面，可在相关的剖面图上附带表示，如不能表示时，则单独绘出。

立面图的地坪线标高，各层门窗洞口的上、下标高，出檐或女儿墙顶标高，均应标注。

前后立面重叠时，前者的轮廓线宜向外加粗，以示区别。立面图的比例可以不与平面图一致，以图幅不过大又能表达清楚为原则。

外墙身详图的剖线索引号可以标注在立面图上，也可以标注在剖面图上，以表达清楚，易于查找详图为原则。

二、建筑立面图的内容

建筑立面图的主要内容有：

（1）立面外轮廓线及主要结构和建筑构造部件的位置（如女儿墙顶、檐口、柱、变形缝、室外楼梯和垂直爬梯、室外空调机搁板、阳台、栏杆、台阶、坡道、雨篷、烟囱、室外地面线及房屋的勒脚、花台、门、窗、幕墙、外墙的预留孔洞、门头、雨水管、墙面粉刷分格线、线脚或其他装饰构件等），关键控制标高的标注（如屋面或女儿墙顶标高）。外墙的留洞应标注尺寸、标高或高度尺寸。

（2）平面图、剖面图未能表示出来的屋顶、檐口、女儿墙、窗台以及其他装饰构件、线脚的标高或高度。平面图上表达不清的窗编号。

（3）建筑物两端的轴线编号，立面转折较复杂时可用展开立面表示，但应注明转角处的轴线编号。

（4）各部分构造、装饰节点详图的索引符号。

（5）外墙面的装修材料及做法（用图例、文字或列表说明）。

（6）图纸名称、比例。

三、实例

结合立面图实例（图3-8）介绍如下：

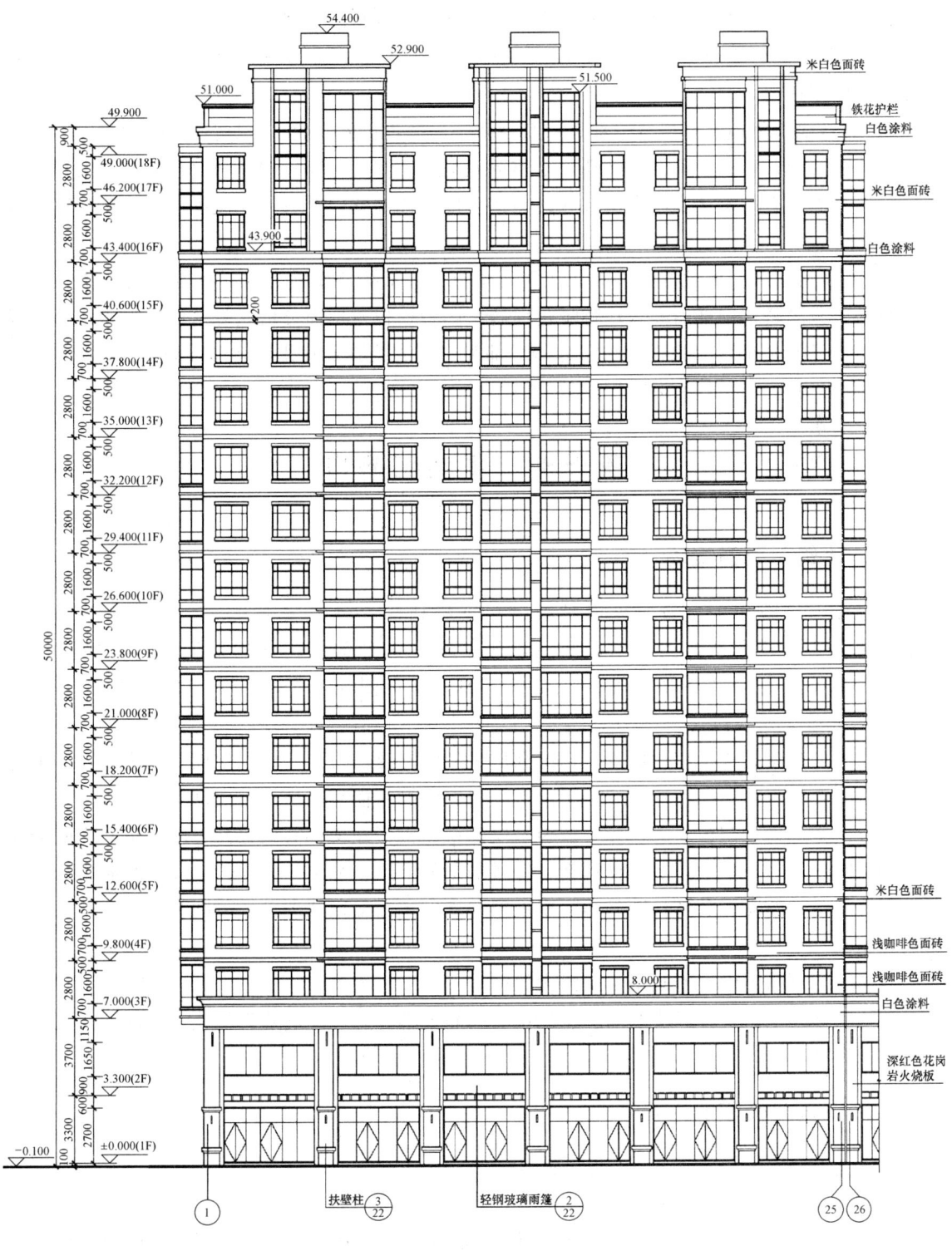

1# ①～㉕轴立面图 1:150

图 3-8 立面图

1）立面图比例为 1:150，是建筑沿街的外貌。17 层含可见的墙、扶壁柱、门窗外形、阳台栏板、阳台窗、线脚、雨篷、台阶、女儿墙、变形缝等构造形状。

2）底部 2 层为商业用房，与上部建筑有 5m 的前后关系，所以标高 8.0m 处线型加粗，并标注女儿墙顶标高。

3）通过线脚将顶部两层与中部 3~15 层区分，颜色也做变化，并标注女儿墙顶标高。

4）注出外墙各主要部位的标高。如室外地面、台阶、线脚、檐口标高等处完成面的标高。一般立面图上可不注高度方向尺寸，但注出楼层标高并以相对尺寸关系定位外墙门窗洞口比较方便。

5）外装修用料、颜色等直接标注在立面图上，底部裙房墙面为深红色花岗岩火烧板，檐部线脚为白色涂料；中部墙面为浅咖啡色面砖，阳台栏板及墙面分格线为米白色面砖，分格线宽 200mm；顶部墙面为米白色面砖。分隔顶部和中部的线脚及女儿墙檐口线脚均为白色涂料。

6）立面设有轻钢玻璃雨篷和扶壁柱索引详图。

第六节 建筑剖面图

一、建筑剖面图概述

假想用一个或多个垂直于外墙轴线的铅垂剖切面，将房屋剖开，所得的投影图，称为建筑剖面图，简称剖面图。剖面图用以表示房屋内部的结构或构造形式、分层情况和各部位的联系、材料及其高度等，是与平面图、立面图相互配合的不可缺少的重要图样之一。

剖面图的数量是根据房屋的具体情况和施工实际需要而决定的。剖切面一般横向，即平行于侧面，必要时也可纵向，即平行于正面。其位置选择在能反映出房屋内部构造比较复杂与典型的部位，并应通过门窗洞的位置。若为多层房屋，选择在楼梯间或层高不同、层数不同的部位。剖面图的图名与平面图上所标注剖切符号的编号一致，如 1—1 剖面图、2—2 剖面图等。

剖面图中的断面，其材料图例与粉刷面层和楼、地面面层线的表示原则及方法，与平面图的处理相同。

习惯上，剖面图中可不画出基础的大放脚。

各种剖面图应按正投影法绘制。包括剖切面和投影方向可见的建筑构造、构配件以及必要的尺寸、标高等。

二、建筑剖面图的内容

建筑剖面图（实例见图 3-9）的主要内容有：

（1）表示墙、柱及其定位轴线。

（2）剖切到或可见的主要结构和建筑构造部件，如室内底层地面、地坑、地沟、各层楼面、顶棚、屋顶（包括檐口、女儿墙、隔热层或保温层、天窗、烟囱、水池等）、门、窗、楼梯、阳台、雨篷、留洞、墙裙、踢脚板、防潮层、室外地面、散水、排水沟及其他装修等剖切到或能见到的内容。

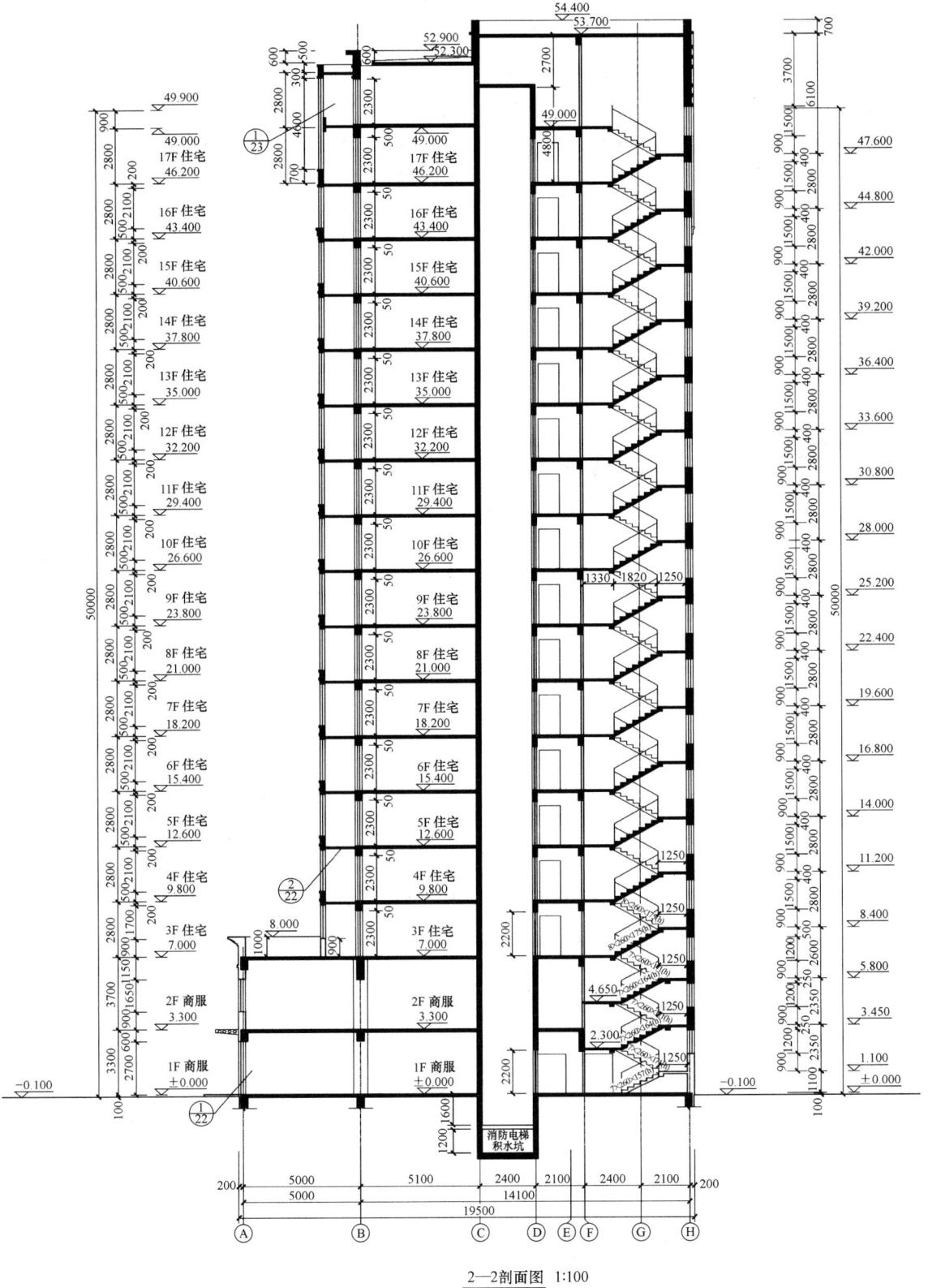

2—2剖面图 1:100

图 3-9 剖面图

(3) 标出各部位完成面的标高和高度方向尺寸。

标高内容：室内外地面、各层楼面与楼梯平台、檐口或女儿墙顶面、高出屋面的水池顶面、烟囱顶面、楼梯间顶面、电梯间顶面等处的标高。

高度尺寸内容：外部尺寸有门、窗洞口（包括洞口上部和窗台）高度，层间高度及总高度（室外地面至檐口或女儿墙顶）。有时，后两部分尺寸可不标注。

内部尺寸有地坑深度和隔断、搁板、平台、墙裙及室内门、窗等的高度。

注写标高及尺寸时，注意与立面图和平面图相一致。

(4) 表示楼、地面各层构造，一般可用引出线说明。引出线指向所说明的部位，并按其构造的层次顺序，逐层加以文字说明。若另画有详图，或已有"构造做法表"时，在剖面图中可用索引符号引出说明（如果是后者，习惯上可不作任何标注）。

(5) 表示需画详图之处的索引符号。

(6) 图纸名称、比例。

三、实例

结合剖面图实例（图3-9）介绍如下：

(1) 这是建筑的2—2剖面图，比例为1:100。剖面下的横向轴线编号、尺寸，标明了剖切到的墙、柱及此处的建筑总宽、轴线间距、轴线至外墙皮的宽度。

(2) 剖切到的结构和建筑构造配件，如室外地坪（标注标高 -0.100）；楼层地面（标注各层标高并用文字注明楼层号、功能）；墙、梁；Ⓐ轴的台阶、外门、轻钢雨篷、8.000m标高女儿墙；Ⓑ轴阳台栏板、阳台窗、阳台门；Ⓒ~Ⓓ轴电梯井道、电梯基坑、积水坑（消防电梯要求设）、电梯厅门；Ⓕ~Ⓗ轴楼梯；顶层出屋面楼梯间、电梯机房、风机房；阳台顶的雨篷，顶部52.900m、54.400m标高女儿墙等。

(3) 剖面左右两侧标注外部尺寸，包括总高度、楼层高度、门窗洞口和窗间墙分段尺寸；内部阳台门、电梯厅门、电梯基坑、积水坑尺寸。标注各标高，包括室内外地面、各层楼面与楼梯平台；檐口或女儿墙顶面、楼梯间顶面、电梯间顶面等处的标高。注意楼梯在2.300m标高和4.650m标高处设平台，楼梯梯段的踏步数和踏步高、宽有变化。

(4) 有构造做法表，不用注明楼、地面构造。

(5) 能看到的楼梯间门、前室门、分户门。

(6) 女儿墙、阳台、地面等处索引详图。

第七节　建筑详图

一、建筑详图概述

建筑详图是反映建筑局部细节、较大比例（如1:10、1:20、1:50）的施工图，也称大样图。其特点是比例大、构造详细、尺寸齐全、文字说明详尽。对于某些构造和配件的通用做法，可以采用国家或地方制定的标准图集（册）或通用图集（册）中的图纸，但应注意构造、材料、尺寸及做法应与设计要求一致，而对注明"见个体设计"的应说明具体做法和尺寸要求。

详图还应与其他工种密切配合，避免专业矛盾。

建筑详图大致可分为构造详图、配件和设施详图、装饰详图三类。

二、详图的内容

详图的主要内容：

（1）内外墙节点，包括外墙身构造、内墙构造，檐沟、泛水、屋面、散水、台阶、勒脚、雨篷、阳台的尺寸、材料、构造做法。

楼梯详图，包括平面放大、踏步、栏杆、扶手的构造、做法。

电梯详图，包括井道布置、厅门留洞、机房布置及留洞。

自动扶梯详图，包括起始层、底坑、标准层和顶层梯井平面，反映各层层高和扶梯速度、角度的剖面。

厨房详图，包括烟道、排水沟、操作台、炊具的布置。

卫生间详图，包括排气、防水、卫生洁具的布置和具体装修材料及做法。

（2）室内外装饰的构造、线脚、图案：包括外墙饰面及线脚的材料、尺寸、做法；内墙、顶棚、窗帘盒、窗台板、壁橱等的构造、材料、尺寸及做法。

（3）特殊的或非标准的门、窗、幕墙等应有构造详图，如有另行委托设计加工者，要绘制立面分格图，对开启面积大小和开启方式，与主体结构的连接方式、预埋件、用料材质、颜色等做出规定。

（4）凡在平面、立面、剖面或文字说明中无法交待或交待不清的建筑构配件和建筑构造。

三、实例

（一）平面详图（图 3-10）

住宅单元平面、卫生间、设备机房、变配电室、楼电梯间、车库的坡道、人防的口部、高层建筑的核心筒等，往往需要绘制放大平面才能表达清楚。常用比例为 1:50，需要时，可进一步索引放大节点或配件。

实例为住宅的单元图，比例为 1:50，绘制内容和标注要求同平面图。详细标注内外墙的定位轴线、厚度、用图例区分材质；门窗洞口的位置、编号；洁具定位，管道竖井，风井，排气道的位置、尺寸，检修门及风口的位置；阳台位置、尺寸；楼、电梯间尺寸，门洞口位置，楼梯梯段、平台宽，梯段长度等。

为方便统计和修改，放大平面图中的门窗可不再标注门窗号，仅标注在组合平面中。

（二）墙身详图（图 3-11）

实例为用于 2—2 剖面裙房的外墙身详图，比例为 1:20。图名显示用于施工图的第 15 页，是本张节点图的第一个节点。

（1）绘出梁、板、窗、墙的各层次图线，轴线及编号，墙、梁的宽度及与轴线的关系，梁高等，同时标出楼、地面完成标高，屋面结构板顶标高。

（2）室外地面标高 −0.100m，室内地面 ±0.000m。

首层为外门，从室内地面下 20mm 处开始做台阶，1% 坡度坡向室外地面（这是阻水措施）；台阶伸出外墙面 1500mm，构造自上至下为水泥砂浆面层、混凝土垫层、中粗砂防冻胀

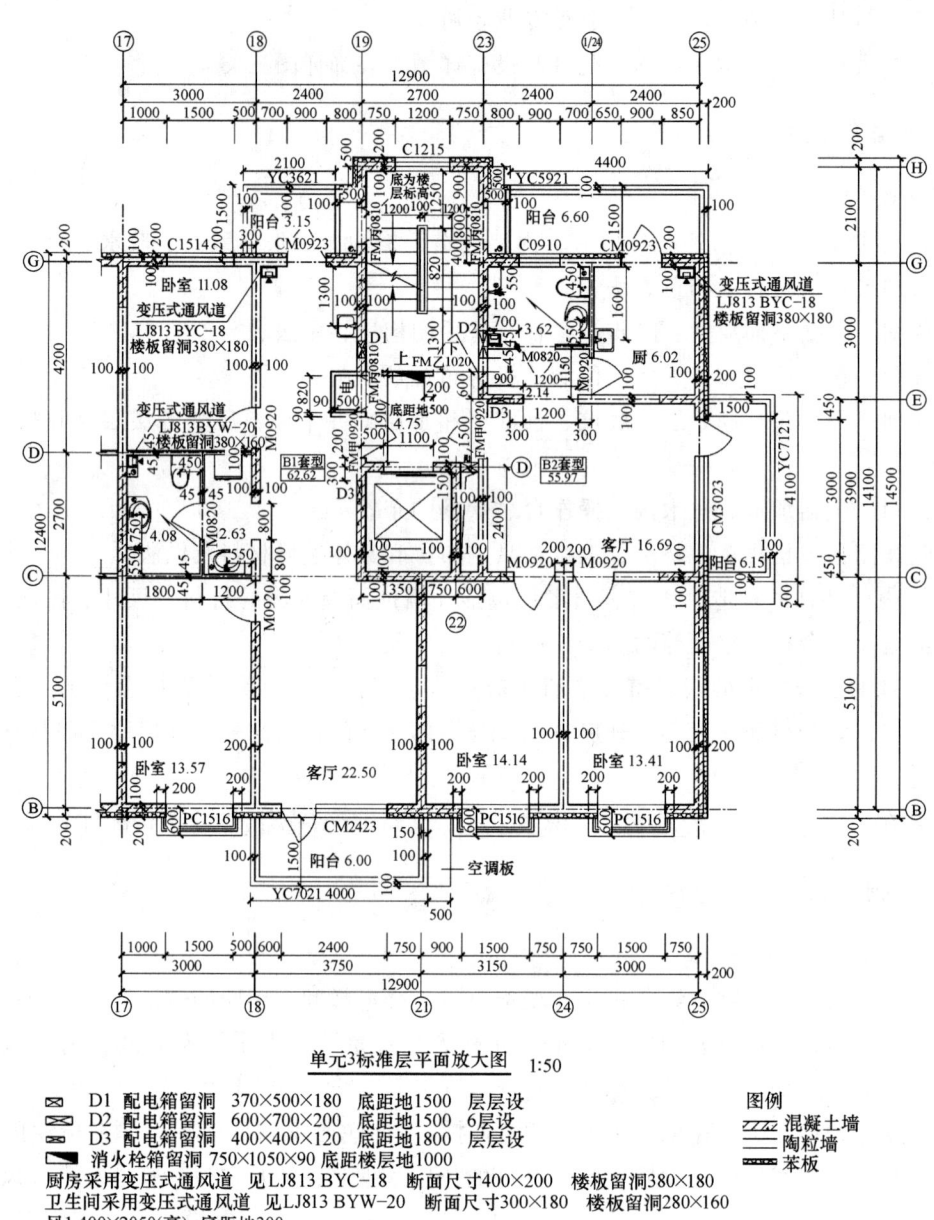

图3-10 平面详图

层、素土夯实基层。

室外地面下外墙为混凝土,外设70mm厚挤塑聚苯板至基础顶面(节能要求)。

地面面层做二次装修,构造自上至下为50mm厚细石混凝土垫层(兼做埋设水平采暖管用)、30mm厚挤塑聚苯板(节能要求)、混凝土垫层、素土夯实基层。

(3)二层楼面面层做二次装修,构造自上至下为50mm厚细石混凝土垫层、素水泥浆一道内掺建筑胶、楼板、素水泥浆一道、3mm厚1:0.5:1水泥石灰膏砂浆打底、5mm厚1:0.5:3水泥石灰膏砂浆、刮大白两遍。

窗台高900mm,窗台板做二次装修。

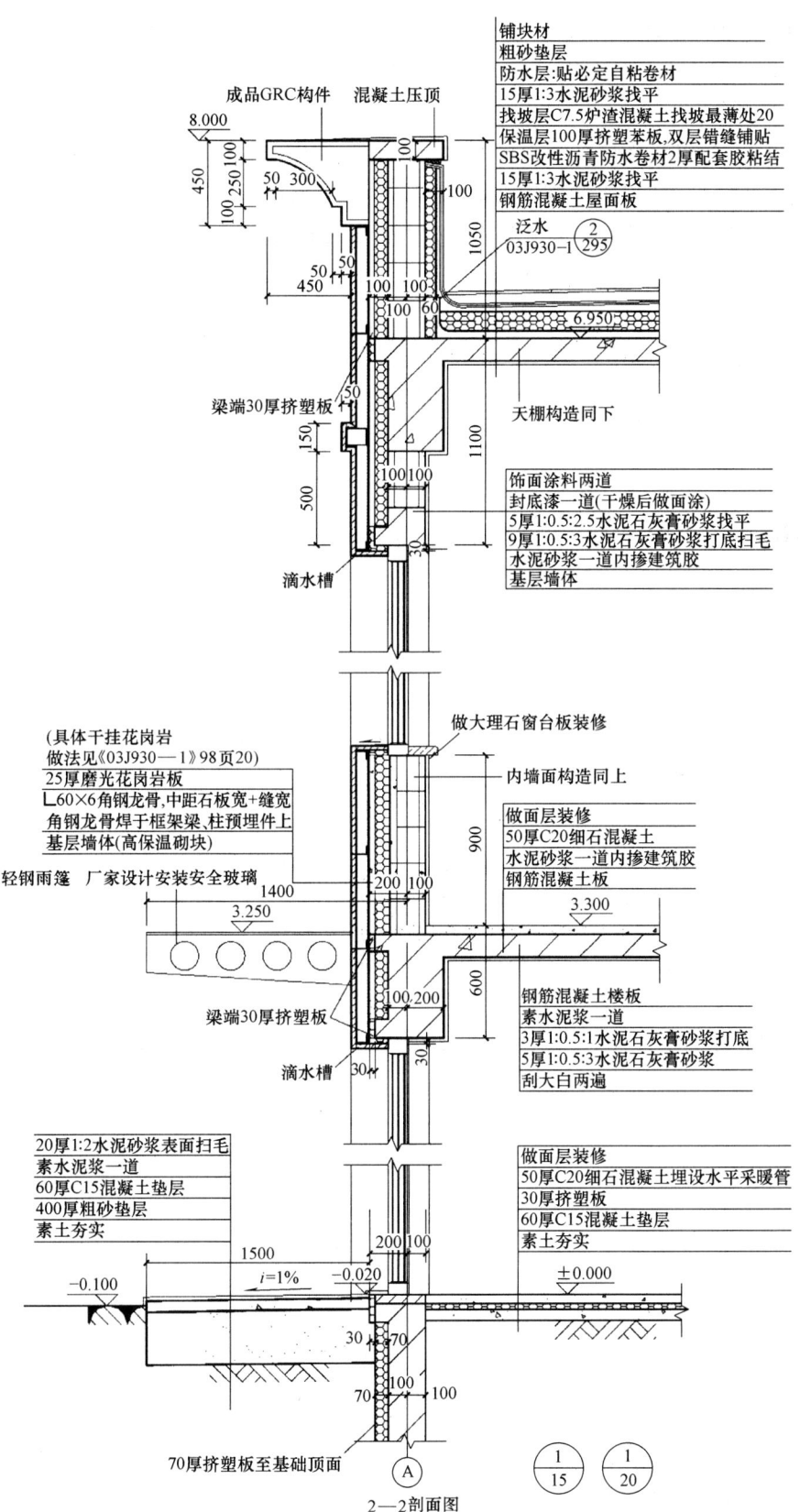

图 3-11 墙身详图

外墙为保温砌块，饰面是干挂石材，内墙面为涂料，分别用文字给出构造层次。梁端用苯板隔断热桥。门口上方为轻钢玻璃雨篷，给出出挑长度和控制标高。石材在窗上口设滴水槽、下口设坡向外侧的坡度。

（4）二层屋顶的构造及层次用文字给出，女儿墙为砌块，内侧设苯板，上端设混凝土压顶，外侧 GRC 线脚。同时给出线脚的细部尺寸、女儿墙顶标高。

（5）表述不清的干挂石材要求、女儿墙泛水要求见相关国标图集。

第四章 结构施工图

前面介绍的建筑施工图主要是基于建筑物的使用功能、美观和防火,从中人们可以了解建筑的外形、内部平面布置、细部构造和内部装修等内容。而结构施工图则主要基于建筑物的安全,用来构筑建筑物的骨架,从中人们可以了解建筑物的基础、柱、墙、梁和板等承重构件的布置、材料、形状尺寸和详细设计构造要求等内容。

建筑施工图和结构施工图虽然表达的角度不同,但它们说明的是同一个建筑物,所以在定位轴线、平面尺寸、标高等方面应该是一致的。

结构施工图关系着建筑物的安全,是建筑物基础和主体阶段施工的重要依据。

第一节 结构施工图概述

按照结构所采用的材料不同,结构分为木结构、混合结构、钢筋混凝土结构和钢结构,其中混合结构和钢筋混凝土结构应用最为广泛。本书仅介绍混合砌体结构和钢筋混凝土结构的结构施工图。

一、结构施工图的内容和组成

结构施工图作为建筑结构施工的主要依据,为了保证建筑物的安全,其上应注明各种承重构件(如基础、墙、柱、梁、楼板、屋架和楼梯等)的平面布置、标高、材料、形状尺寸、详细设计与构造要求及其相互关系。

结构施工图的组成一般包括结构图纸目录、结构设计总说明、基础施工图、结构平面图和结构详图。

结构图纸目录可以使我们了解图纸的排列顺序、总张数和每张图纸的主要内容,核对图纸的完整性,查找我们所需要的图纸。表4-1为××××工程的结构图纸目录。

二、结构施工图表示方法的有关规定

结构施工图是按照国家统一的规则标准(GB/T 50105—2001)《建筑结构制图标准》绘制的。学习看懂结构施工图,必须首先了解建筑结构制图的有关规定。

1. 图线功用

在结构施工图中可以选用多种线型和不同线宽的图线来表达不同的结构内容,具体见表4-2,表中 b 为基本线宽,与 $0.5b$、$0.25b$ 组成线宽组。

2. 常见比例

在结构施工图中,一般一个图纸采用一种比例。根据图纸的用途和建筑物的复杂程度,结构施工图可选用不同的比例,常用的比例如表4-3所示。但在有些结构施工图中(如剪力墙平法施工图和柱平法施工图)中,同一图纸的轴线尺寸与构件尺寸可选用不同的两种

比例表示；当构件的纵、横向断面尺寸相差悬殊时，在同一详图中纵、横向也可采用不同的比例绘制。

表 4-1 ××××工程的结构图纸目录

设计单位：××××建筑设计院
建设单位：××××房地产开发公司
工程名称：××××工程
工程编号：××××××××

序号	图 号	图 名	图 幅	备 注
1	G(施)-0	结构设计总说明	A2	
2	G(施)-1	桩基础平面图	A1	
3	G(施)-2	承台详图	A1	
⋮	⋮	⋮	⋮	
14	G(施)-13	一、二层框支柱平面布置图	A1	
15	G(施)-14	一、二层混凝土墙暗柱平面布置图	A1	
16	G(施)-15	标准层墙柱平面布置图	A1	
17	G(施)-16	17层墙柱平面布置图	A1	
⋮	⋮	⋮	⋮	
22	G(施)-21	现浇楼梯详图	A1	
23	G(施)-22	节点详图一	A1	
⋮	⋮	⋮	⋮	
	03G101-1	混凝土结构施工图平面整体表示方法制图规则和构造详图		中国建筑标准设计研究院出版

表 4-2 图线

名 称		线 型	线 宽	一 般 用 途
实线	粗	——————	b	螺栓、主钢筋线、结构平面图中的单线结构构件线、钢木支撑及系杆线、图名下画线、剖切线
	中	——————	$0.5b$	结构平面图及详图中剖到或可见的墙身轮廓线、基础轮廓线、钢和木结构轮廓线、箍筋线、板钢筋线
	细	——————	$0.25b$	可见的钢筋混凝土构件的轮廓线、尺寸线、标注引出线、标高符号、索引符号
虚线	粗	- - - - - -	b	不可见的钢筋、螺栓线，结构平面图中不可见的单线结构构件线及钢、木支撑线
	中	- - - - - -	$0.5b$	结构平面图中的不可见构件、墙身轮廓线及钢、木构件轮廓线
	细	- - - - - -	$0.25b$	基础平面图中的管沟轮廓线、不可见的钢筋混凝土构件轮廓线
单点长画线	粗	—·—·—	b	柱间支撑、垂直支撑、设备基础轴线图中的中心线
	细	—·—·—	$0.25b$	定位轴线、对称线、中心线
双点长画线	粗	—··—··—	b	预应力钢筋线
	细	—··—··—	$0.25b$	原有结构轮廓线
折断线		—∨—	$0.25b$	断开界限
波浪线		～～～	$0.25b$	断开界限

表 4-3 比例

图 名	常用比例	可用比例
结构平面图 基础平面图	1:50、1:100 1:150、1:200	1:60
圈梁平面图、总图、中管沟、地下设施等	1:200、1:500	1:300
详图	1:10、1:20	1:5、1:25、1:4

3. 常用的构件代号

在结构施工图中，构件的名称一般用代号表示，代号后用阿拉伯数字标注该构件的型号、编号或者构件的顺序号。常用的构件代号如表4-4所示。

表 4-4 常用构件代号

序号	名称	代号	序号	名称	代号	序号	名称	代号
1	板	B	24	边框梁	BKL	47	构造边缘暗柱	GAZ
2	屋面板	WB	25	暗梁	AL	48	构造边缘翼墙柱	GYZ
3	空心板	KB	26	悬挑梁	XL	49	构造边缘转角墙柱	GJZ
4	槽形板	CB	27	井字梁	JZL	50	扶壁柱	FBZ
5	折板	ZB	28	檩条	LT	51	构造柱	GZ
6	密肋板	MB	29	屋架	WJ	52	剪力墙	Q
7	楼梯板	TB	30	托架	TJ	53	矩形洞口	JD
8	盖板或沟盖板	GB	31	天窗架	CJ	54	圆形洞口	YD
9	挡雨板或檐口板	YB	32	框架	KJ	55	承台	CT
10	吊车安全走道板	DB	33	刚架	GJ	56	设备基础	SJ
11	墙板	QB	34	支架	ZJ	57	桩	ZH
12	天沟板	TGB	35	柱	Z	58	挡土墙	DQ
13	梁	L	36	框架柱	KZ	59	柱间支撑	ZC
14	屋面梁	WL	37	框支柱	KZZ	60	垂直支撑	CC
15	吊车梁	DL	38	芯柱	XZ	61	水平支撑	SC
16	圈梁	QL	39	梁上柱	LZ	62	梯	T
17	过梁	GL	40	剪力墙上柱	QZ	63	雨篷	YP
18	连系梁	LL	41	非边缘暗柱	AZ	64	阳台	YT
19	基础梁	JL	42	约束边缘端柱	YDZ	65	梁垫	LD
20	楼梯梁	TL	43	约束边缘暗柱	YAZ	66	预埋件	M
21	框架梁	KL	44	约束边缘翼墙柱	YYZ	67	天窗端壁	TD
22	框支梁	KZL	45	约束边缘转角墙柱	YJZ	68	钢筋网	W
23	屋面框架梁	WKL	46	构造边缘端柱	GDZ	69	基础	J

注：1. 预制钢筋混凝土构件、现浇钢筋混凝土构件、钢构件和木构件，一般直接采用本表中的构件代号。在绘图中，当需要区别上述构件的材料种类时，可在构件代号前加注材料代号，并应在图纸中加以说明。
2. 预应力钢筋混凝土构件的代号，应在构件代号前加注"Y"，如 Y—DL 表示预应力钢筋混凝土吊车梁。

4. 常见钢筋符号

钢筋按强度和品种分成不同等级。普通钢筋一般采用热轧钢筋，符号见表4-5。

表 4-5　常用钢筋符号

种　类		强度等级	符号	强度标准值 f_{yk}/(N/mm²)
热轧钢筋	HPB235(Q235)	Ⅰ	Φ	235
	HRB335(20MnSi)	Ⅱ	Φ	335
	HRB400(20MnSiV、20MnSiNb、20MnTi)	Ⅲ	Φ	400
	RRB400(K20MnSi)	Ⅲ	Φ^R	400

5. 钢筋的名称、作用和标注方法

配置在钢筋混凝土结构构件中的钢筋，一般按其作用可分为：

受力钢筋——承受拉、压应力的钢筋。其配置应通过计算确定，并满足构造要求。在偏心受压柱中垂直于弯矩作用平面的侧面上的纵向受力钢筋，以及轴心受压柱中各边的纵向受力钢筋，中距一般不大于 300mm。

在梁、柱中其亦称纵向受力钢筋，标注时应说明其数量、品种和直径，如：4Φ25 表示配置 4 根直径为 25mm 的Ⅲ级钢。

在板中，标注时应说明其品种、直径和间距，如：Φ10@200 表示配置Ⅰ级钢，直径为 10mm，间距为 200mm。

架立钢筋——一般设置在梁的受压区，和纵向受力钢筋平行，用以固定箍筋的正确位置，并能承受收缩和温度变化产生的内应力。其标注方法同梁内受力钢筋。

构造钢筋——用于考虑计算模型和实际结构构件的偏差，承受收缩和温度变形，在梁、柱中尚可增加钢筋骨架的刚性。

在梁、柱中亦称纵向构造钢筋。当梁的腹板高度 h_W≥450mm 时，在梁的两个侧面应沿高度配置纵向构造钢筋，每侧纵向钢筋间距不大于 200mm；当偏心受压柱的截面高度 h≥600mm 时，在柱的侧面上需设置直径为 10～16mm 的纵向构造钢筋，侧面纵向钢筋的中距一般不大于 300mm。

对于现浇钢筋混凝土板，在其与梁、墙整体浇筑及嵌固支撑在承重砌体上的部位，为抵抗可能出现的负弯矩，在板上需设置上部构造钢筋，其标注方法同板中受力钢筋。

分布钢筋——用于单向板、剪力墙中。

在单向板中，为了承受收缩和温度变形，固定受力钢筋的位置，并使受力钢筋共同工作，在受力钢筋的垂直方向，须配置分布钢筋，其标注方法同板中受力钢筋。

在剪力墙中布的水平和竖向分布钢筋，除上述作用外，尚可参与承受外荷载，其标注方法同板中受力钢筋。

箍筋——用于承受梁、柱中的剪力、扭矩，并固定纵向受力钢筋的位置等。标注箍筋时应说明箍筋的级别、直径、加密区与非加密区间距，并图示柱截面和箍筋的形式。如：Φ10@100 表示采用Ⅰ级钢，直径 10mm，间距 100mm。

Φ10@100/200 表示采用Ⅰ级钢，直径 10mm，加密区间距 100mm，非加密区间距 200mm。

当梁采用平面注写方式时，尚应注明箍筋的肢数。如：Φ10@100/200（2）表示采用Ⅰ级钢，直径 10mm，加密区间距 100mm，非加密区间距 200mm，均为两肢箍。

Φ10@100（4）/150（2）表示采用Ⅰ级钢，直径 10mm，加密区间距 100mm，加密区为四肢箍；非加密区间距150mm，非加密区为两肢箍。

拉筋——用以连系剪力墙内双排分布钢筋网。标注时，应注明钢筋级别、直径、水平和竖向间距。如：Φ6@600×600表示拉筋为Ⅰ级钢，直径6mm，水平和竖向间距为600mm。

6. 钢筋的表示方法

对钢筋混凝土构件，了解钢筋的配置情况非常重要。在结构施工图中，钢筋用粗实线表示，一般钢筋和预应力钢筋的表示方法分别如表4-6、表4-7。钢筋在结构构件中的画法如表4-8。

表4-6 一般钢筋的表示方法

序号	名称	图例	说明
1	钢筋横断面		
2	无弯钩的钢筋端部	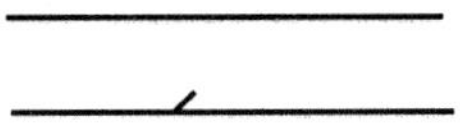	下图表示长、短钢筋投影重叠时，短钢筋的端部用45°斜划线表示
3	带半圆形弯钩的钢筋端部		
4	带直钩的钢筋端部		
5	带丝扣的钢筋端部		
6	无弯钩的钢筋搭接		
7	带半圆形弯钩的钢筋搭接		
8	带直钩的钢筋搭接		
9	花篮螺丝钢筋接头	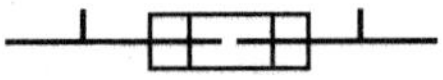	
10	机械连接的钢筋接头		用文字说明机械连接的方式（或冷挤压或锥螺纹等）

表4-7 预应力钢筋的表示方法

序号	名称	图例
1	预应力钢筋或钢绞线	
2	后张法预应力钢筋断面 无粘结预应力钢筋断面	
3	单根预应力钢筋断面	
4	张拉端锚具	
5	固定端锚具	
6	锚具的端视图	
7	可动联结件	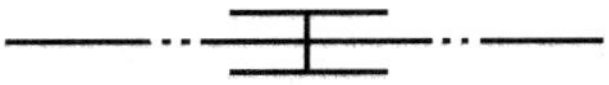
8	固定联结件	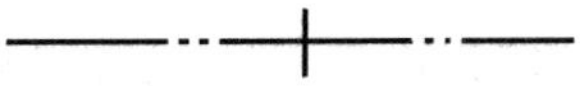

表 4-8　钢筋的画法

序号	说　明	图　例
1	在结构平面图中配置双层钢筋时,底层钢筋的弯钩应向上或向左,顶层钢筋的弯钩则向下或向右	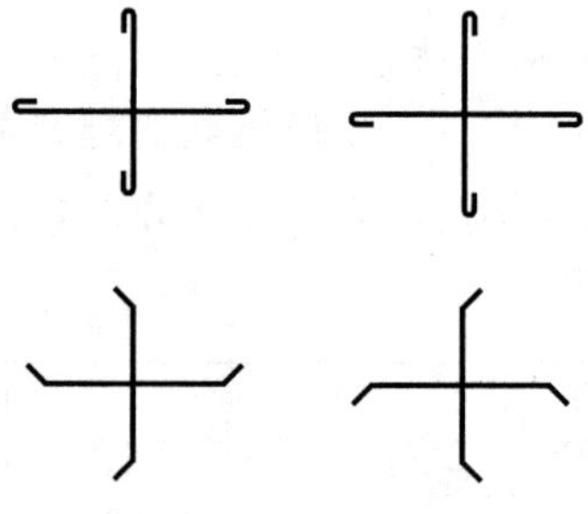 （底层）　（顶层）
2	钢筋混凝土墙体配双层钢筋时,在配筋立面图中,远面钢筋的弯钩应向上或向左,而近面钢筋的弯钩向下或向右(JM 近面、YM 远面)	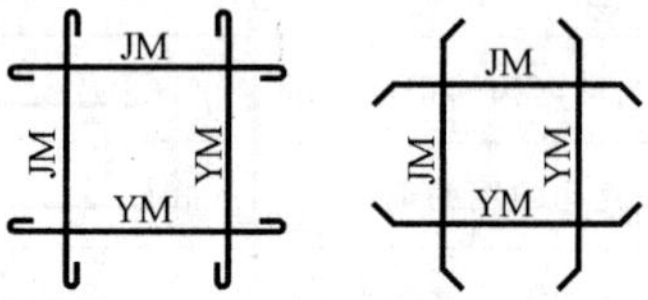
3	若在断面图中不能表达清楚的钢筋布置,应在断面图外增加钢筋大样图(如钢筋混凝土墙、楼梯等)	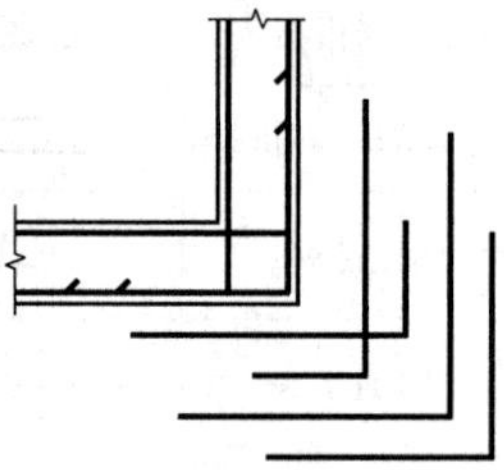
4	图中所表示的箍筋、环筋等若布置复杂时,可加画钢筋大样及说明	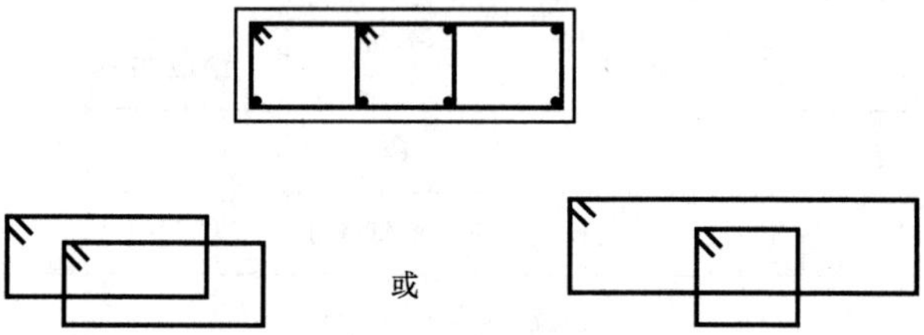 或
5	每组相同的钢筋、箍筋或环筋,可用一根粗实线表示,同时用以两端带斜短画线的横穿细线,表示其余钢筋及起止范围	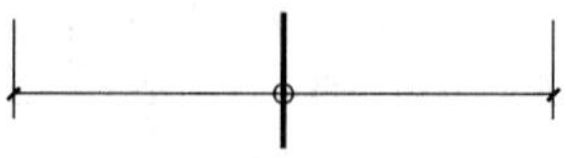

7. 预埋件、预留洞口的表示方法

在混凝土构件上设置预埋件时,预埋件的表示方法如图 4-1a、b,引出线指向预埋件,引出横线上标注预埋件的代号；当混凝土构件的正、反面同一位置均设置相同的预埋件时,预埋件的表示方法如图 4-1c,引出线为一条实线和一条虚线,并指向预埋件,引出横线上标注预埋件的数量和代号；当混凝土构件的正、反面同一位置设置编号不同的预埋件时,预埋件的表示方法如图 4-1d,引出线为一条实线和一条虚线,并指向预埋件,引出横线上标注正面预埋件的代号,引出横线下标注反面预埋件的代号。

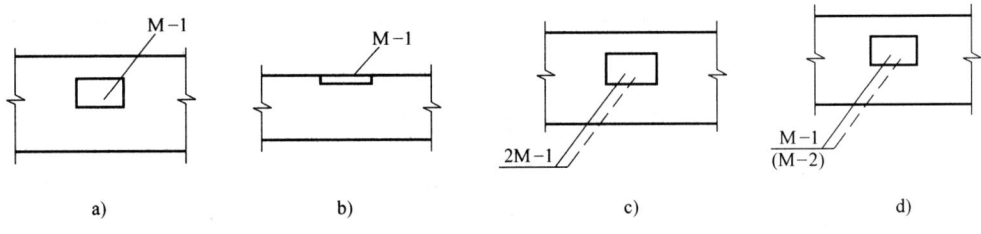

图 4-1 预埋件的表示方法

在构件设置预留孔洞或预埋套管时,预留孔洞或预埋管的表示方法如图 4-2,引出线指向预留(埋)位置,引出横线上标注预留孔洞的尺寸或预埋套管的外径,横线下方标注孔洞或套管的中心标高或底标高。

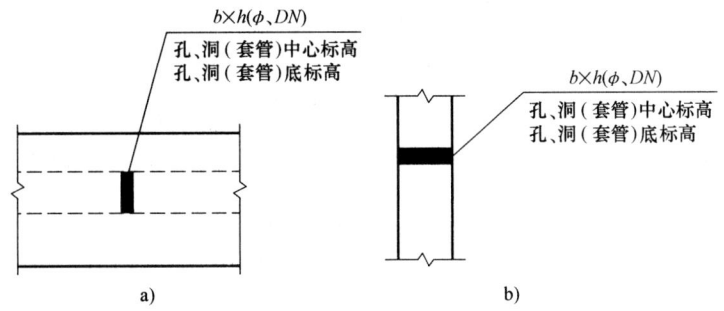

图 4-2 预留孔、洞及预埋套管的表示方法

第二节 结构设计总说明

结构设计总说明是对一个建筑物的结构形式和结构要求等的总体概述,在结构施工图中它排列在最前面。

一、结构设计总说明内容

结构设计总说明的内容很多,各个涉及内容也不尽相同,但概括起来,一般包括以下内容:

(1) 必须说明设计依据、图集和设计所使用的结构程序软件。
(2) 必须说明建筑物的结构形式、层数和抗震的等级等要求。
(3) 说明基础的形式、采用的材料及其强度等级等要求。
(4) 说明主体结构的形式、采用的材料及其强度等级等要求。
(5) 说明围护、保温结构的材料等要求。
(6) 构造的作法及其要求。
(7) 对本工程施工的特殊要求。

二、结构设计总说明实例

某工程结构设计总说明(图号 G-0)见表 4-9。

表 4-9　结构设计总说明

结构设计总说明

一、设计总则

1. 本工程遵守中华人民共和国现行国家标准（即建筑物相对标高的±0.000等于海拔绝对标高120.400m）规范、规程进行设计。高层部分使用寿命为50年

2. 本工程设计±0.000绝对标高120.400m，与建筑竖向及平面剖面图统一

3. 标高以"米"计，其余尺寸以"毫米"计

4. 土建工程施工前，应核对有关图纸，并应与有关施工安装单位协调施工顺序，做好预埋管和预留洞口的工作。未经结构设计者同意，严禁自行留洞或事后凿洞，违者应负技术责任，并承担结构加固和技术处理的费用

5. 凡遇本总说明与结构施工图有矛盾处，或未注明的部分均见具体设计

二、项目概况

1. 本工程地上17层，结构形式为部分框支剪力墙结构，地上一、二层为框支剪力墙结构，二层为结构转换层，以上为剪力墙结构

2. 根据地质情况及建设单位建议，基础形式采用超流态混凝土灌注桩桩基础。主体结构超长设后浇混凝土加强带，具体说明及详图见基础图

3. 地区基本地震烈度为6度，本工程按6度设防，场地土类别为Ⅲ类。结构加强部位：转换层以下框架为二级；一、二层剪力墙及转换层以上两层剪力墙，抗震等级为三级；以上各层抗震等级为四级

4. 实用荷载：建筑均布活载的标准值按现行（GB 5009—2001）《建筑结构荷载规范》取值主要部分如下：

厕所、厨房：$4.0kN/m^2$；阳台：$2.5kN/m^2$；电梯机房：$7.0kN/m^2$；

水箱间操作荷载按设备提供荷载kN/m^2；上人屋面：$2.0kN/m^2$；

不上人屋面：$0.5kN/m^2$；商服：$3.5kN/m^2$；其他房间：$2.0kN/m^2$；

基本风压：$0.65kN/m^2$；基本雪压：$0.45kN/m^2$

楼层房间应按照建筑图中注明内容使用，未经设计单位同意，不得任意更改使用内容，同时也不得在楼层梁板上，增设建筑图中未标注的隔墙

5. 采用中国建筑科学研究院发行的pkpm系列结构有限元分析软件satwe进行振型分析计算，并用pmsap进行校核，且符合规范要求

三、钢筋混凝土结构

(一) 混凝土强度等级

柱、墙、梁及板等构件的混凝土强度等级见下表

结构部位 \ 层次	1层	2层	3~17层	基础
柱	C30	C30	C30	底板承台 C35
墙	C30	C30	C30	
梁、板	C30	C40	C30	

(二) 受力钢筋保护层厚度(除标注外)见下表

环境类别	板、墙、壳			梁			柱		
	≤C20	C25~C45	≥C50	≤C20	C25~C45	≥C50	≤C20	C25~C45	≥C50
室内正常环境	20	15	15	30	25	25	30	30	30
室外露天环境	—	25	20	—	35	30	—	35	30

（三）钢筋

1. 钢筋直径 $d \geq 12\text{mm}$ 时采用 HRB335 级钢，直径 $d < 12\text{mm}$ 时采用 HPB235 级钢。图中 Φ 表示 HPB235 级钢，$f_y = 210\text{N/mm}^2$，Φ 表示 HRB335 级钢，$f_y = 300\text{N/mm}^2$
2. 剪力墙、柱、承台、基础梁及框架梁的纵筋直径大于 25mm 时，宜优先选用机械接头
3. 当采用普通焊接接头时，焊缝宽、高均应满足规范要求（详见其他说明），Ⅰ级钢筋焊接用 E43 型焊条，Ⅱ级钢筋焊接用 E50 型焊条，焊接质量应符合《BJG-18-65》的要求
4. 在同一构件内的多根钢筋需搭接时，搭接钢筋数量在同一截面内不得超过钢筋总数的 50%（对于柱及剪力墙）或 25%（对于梁），搭接错开的间距不少于 $45d$
5. 钢筋需作现场代换时，必须遵守下列原则并经设计人员同意
（1）等强度代换
（2）钢筋之间的净距必须满足规范要求
（3）用高强度钢筋代替低强度钢筋时，除满足等强度要求外，尚应满足钢筋最大间距、最少根数的要求
6. 受拉钢筋的最小锚固长度 l_{aE} 见下表

抗震等级	钢筋类型	混凝土强度等级				
		C20	C25	C30	C35	$\geq$ C40
一、二级	HPB235 级	$36d$	$31d$	$27d$	$25d$	$23d$
	HRB335 级	$44d$	$38d$	$34d$	$31d$	$29d$
三级	HPB235 级	$33d$	$28d$	$25d$	$23d$	$21d$
	HRB335 级	$41d$	$35d$	$31d$	$29d$	$26d$

注：1. HRB335 级钢筋的直径大于 25mm 时，钢筋的锚固长度应乘以修正系数 1.1。
2. HRB335 级钢筋末端采用机械锚固措施时，包括附加锚固端头在内的锚固长度应不小于上表中数字的 0.7 倍。
3. HRB335 级的环氧树脂涂层钢筋，其锚固长度应乘以修正系数 1.25。
4. HPB235 级钢筋做受拉钢筋时，末端应做 180° 弯钩。
5. HPB235 当钢筋混凝土施工过程中易受扰动（如滑模施工）时，其锚固长度应乘以修正系数 1.1。
6. HPB235 当计算中充分利用纵向钢筋的抗压强度时，其锚固长度不小于受拉锚固长度的 0.7 倍。

（四）楼层板、屋面板

1. 双向板或异形板的板底筋：短向筋放在底层，长向筋放在短向筋之上
2. 全部单向、双向板的分布筋，除在图上特别标注外，均用 Φ8@250
3. 当现浇板两边均嵌固在墙或梁内时，在墙角跨度范围内的板上部配置加密钢筋，具体做法见下图

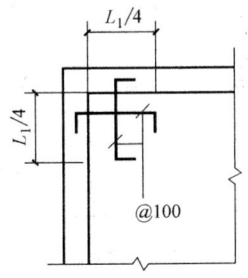

板角加密配筋示意图
注：L_1 为短向净跨，钢筋规格同布置图

4. 现浇板伸进纵、横墙内的长度，不应小于 120mm，且不小于板厚，现浇板未特殊标注厚度者，皆为 120mm
5. 厨房、卫生间现浇板顶标高比其他房间楼板顶降低 20mm，板厚不变，其间面筋连通设置，但施工时须做成 ⌐⎤
6. 混凝土墙板上不可任意凿洞，施工时应与建筑、水、暖、电专业密切配合，预留洞口位置见建筑图。当洞口 D 或 $B < 300\text{mm}$ 时，板筋绕过洞口，不得切断；当板洞 D 或 $B \geq 300\text{mm}$ 且 $\leq 800\text{mm}$ 时须配置洞边加强筋，详见图（一）

(续)

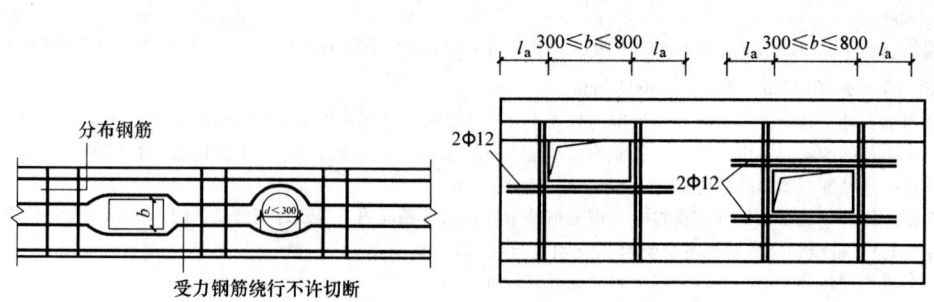

图(一) (边长>300mm<100mm时,其中短跨加强钢筋伸入支座)

（五）剪力墙、柱和梁板
1. 混凝土剪力墙、柱及地下室混凝土外墙，构造要求详见统一详图
2. 当墙、柱和梁的混凝土强度等级相差≥10MPa时，节点区混凝土按高强度等级混凝土施工，分界面应在墙柱外边500mm处，如图（二）所示

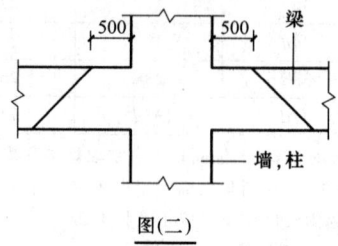

图（二）

3. 剪力墙与楼面板、屋面板连接部位若设置暗梁，其构造见结构统一详图
4. 框支柱主筋伸入三层构造见图（二A）

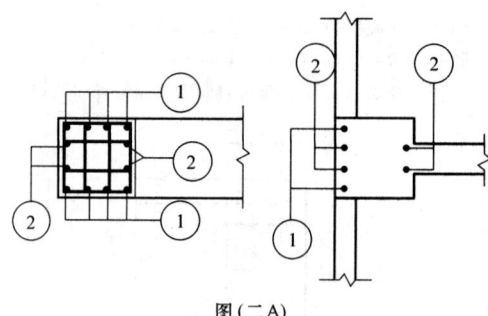

图（二A）

框支柱在三层墙体范围内的1号和2号筋应伸入三层墙体内至三层天棚顶，其余柱钢筋应锚入梁内和板内，并满足锚固长度要求

四、砌体工程
1. 砌体施工质量控制等级为B级
2. ±0.00以下采用MU10级红砖，M10级水泥砂浆；±0.00以上采用陶粒混凝土砌块，M5级混合砂浆。非承重的砌体隔墙应沿墙高每隔500mm设置2Φ6钢筋与承重墙或柱拉结，并每边伸入墙内不应小于500mm
3. 有特殊构造要求的轻质墙体按其要求处理
4. 凡混凝土构件与门窗、吊顶、卫生设备及各种管卡支架的连接固定，如没有作具体要求，均采用膨胀螺栓或混凝土射钉枪施工，施工时应避开墙、柱和梁的主筋，以免影响受力构件的强度
5. 板筋遇预留洞口时，除图中注明的加强钢筋外，当孔洞尺寸≤300mm时，不切断而绕孔过，板的预留孔结构图中未表示者其留孔位置及大小详见建筑、给水排水、电气及暖通等有关专业图纸要求

（续）

6. 凡新旧混凝土交界面必须按规范要求进行清除浮浆、打毛、清洗等工作，经有关部门检查后方可浇捣混凝土
7. 凡砌体墙上门窗洞低于梁底标高时，应增设钢筋混凝土过梁，见图（三）。当梁底下净高不足过梁高度时，直接在梁底下（门窗洞多余部分）挂板，见图（四）

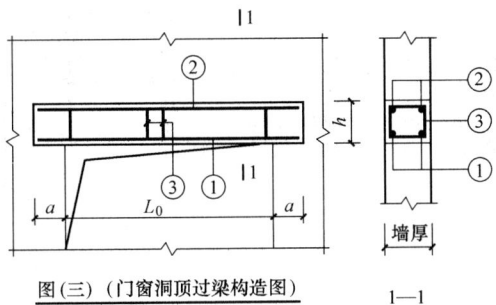

图（三）（门窗洞顶过梁构造图）　　1—1

L_0/mm	h/mm	a/mm	①	②	③
$L_0 \leq 1000$	120	240	2Φ10	2φ8	φ6@150
$1000 < L_0 \leq 1500$	180	240	2Φ12	2φ10	φ6@150
$1500 < L_0 \leq 2000$	240	240	2Φ16	2φ10	φ6@150
$2000 < L_0 \leq 2500$	240	240	2Φ18	2φ10	φ6@150
$2500 < L_0 \leq 3000$	300	350	3Φ16	2φ10	φ8@200
$3000 < L_0 \leq 4000$	300	350	3Φ18	2φ10	φ8@200

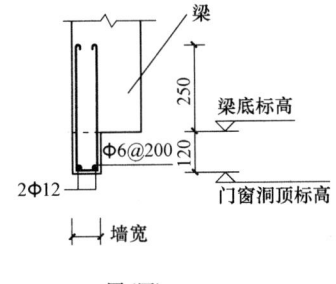

图（四）

8. 钢筋混凝土构造柱必须先浇柱后砌墙，并按墙柱连结处理，构造见下图

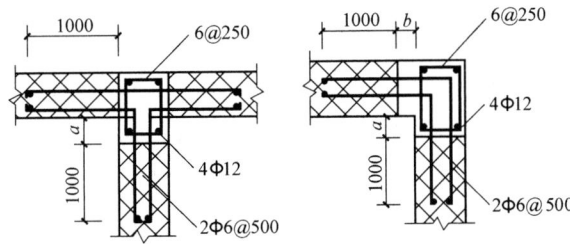

五、构造连接与处理（图以空心砌块大样表示，其余轻质墙体同）
1. 钢筋混凝土墙与空心砌块墙连接区应预留2φ6@600，长1000mm，详见图（五）
2. 空心砌块墙交接区应加设连接附加钢筋，详见图（六）
3. 空心砌块墙与钢筋混凝土柱连接钢筋详见图（七）

(续)

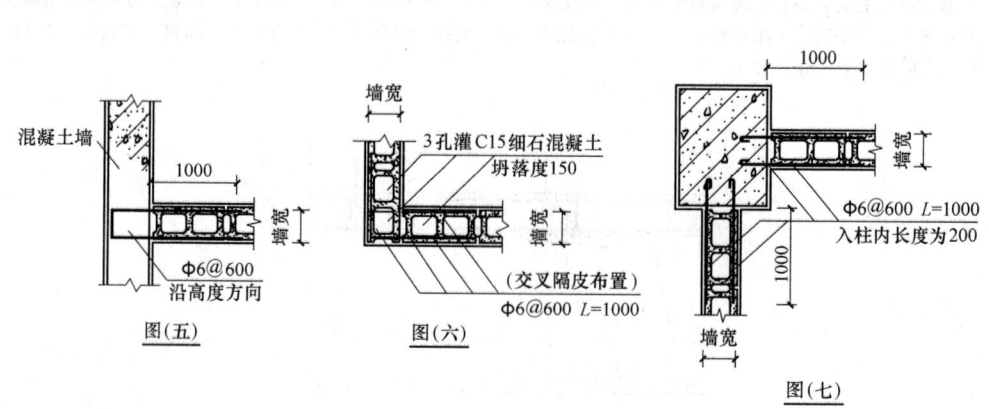

六、施工其他要求

1. 结构施工时应与各专业施工图密切配合，及时预埋管线、套管，及时验校预留洞和预埋件位置及大小，避免后期凿打而损坏结构
2. 避雷装置详见电气施工图，结构不另作说明
3. 电梯井道及机房的留洞和预埋件均根据甲方提供的资料进行设计，施工前应核实到货的电梯资料无误后方可施工
4. 除说明者外，凡需浇捣楼板的各管道井，在楼面施工时，应先放置好板钢筋，待管道安装完毕后，再浇筑该部分楼板
5. 由于施工需要而必须在结构构件上架设起重设备或堆放重物时，应取得设计单位的同意，并采取相应加强措施
6. 所有承重构件的预留洞在设计中均有加强措施，施工中不得任意另行开凿孔洞，若需开凿，必须与设计部门洽商
7. 对于配有双面钢筋的构件（如墙、板等），除注明外，均应加支撑钢筋或联系钢筋，对于板可用几型，对于墙可用Z型，间距宜按600mm梅花形设置，直径、刚度按施工设备、运输条件、施工方法决定，以保证两层钢筋网的间距和位置
8. 凡主梁上有未标示的次梁或同高度次梁时，及挑梁端部有次梁时，次梁处须加设吊筋，且两侧箍筋加密至50mm范围内，其余筋照设，具体见下图

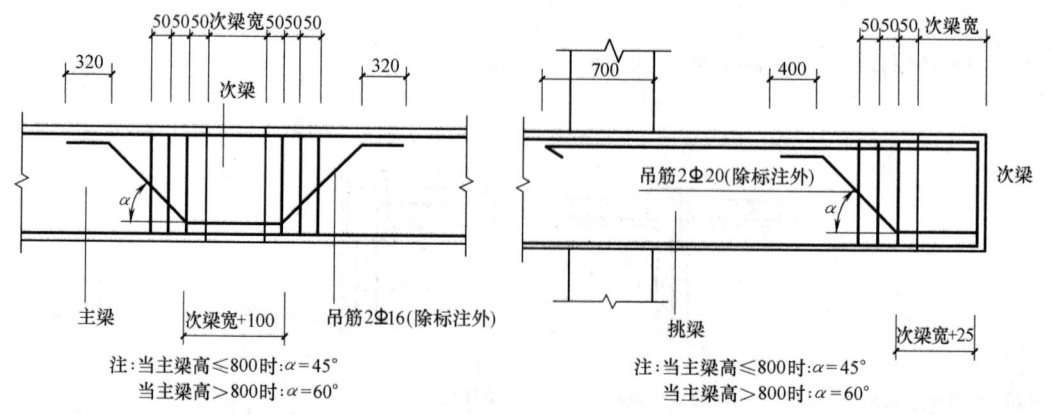

9. 现浇阳台、雨篷、挑檐等外露结构长度超过8m者，每8m设20mm宽伸缩缝
10. 对于悬挑构件如阳台、檐口板等应严格按照施工图的要求将构件与配筋准确就位，在构件未达到设计强度和抗倾体未完全就位前不得拆除支撑或模板

（续）

11. 墙体转角处和纵横墙交接处沿竖向每隔500mm设拉结钢筋，其数量为每墙厚120mm不小于1Φ6，埋入长度从墙的转角或交接处算起，每边不小于600mm
12. 女儿墙应设置构造柱，构造柱间距不宜大于4m，构造柱应伸至顶并与现浇钢筋混凝土压顶整浇在一起，构造详见节点详图

七、沉降观测

应设沉降观测点，在结构主体施工阶段及建成后使用期间应专人定期观测，每施工2~4层做一次沉降观测，直至沉降稳定为止

所有未尽事宜详见《03G101—1》

八、其他

施工时除应遵守本说明及其他图纸说明外，尚应严格执行下列国家现行有关规范或规程：
1.（GB 50009—2001）建筑结构荷载规范
2.（GB 50010—2002）混凝土结构设计规范
3.（GB50011—2001）建筑抗震设计规范
4.（JGJ 3—2002，J 186—2002）高层建筑混凝土结构技术规程
5.（GB 50007—2002）建筑地基基础规范
6.（JGJ 94—2008）建筑桩基技术规范
7.（GB 50003—2001）砌体结构设计规范
8.（GB 50108—2001）地下工程防水技术规范
9.（DB23/T 360—2003）超流态混凝土桩基础技术规程

第三节　基础施工图

基础位于建筑物使用部分的下部，是将上部结构所承受的各种作用传递到地基上的部件。

常见的基础形式有条形基础（包括墙下条形基础、柱下条形基础，见图4-3）、柱下独立基础（见图4-4）、筏形基础（包括梁板式筏形基础和平板式筏形基础，见图4-5）和桩基础。

桩基础是由设置于岩土中的桩和联接于桩顶端的承台组成。桩按受力情况可分为端承型桩和摩擦型桩，见图4-6。

端承型桩的桩顶竖向荷载主要由桩端阻力承受。端承型桩对桩端土层

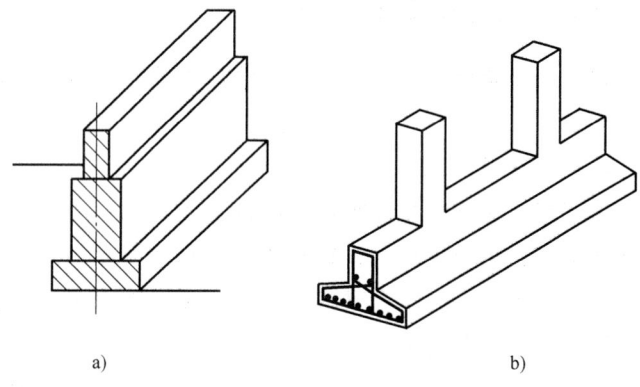

图4-3　条形基础
a）墙下条形基础　b）柱下条形基础

承载力要求相对较高，需要穿过软弱土层，进入深层坚实土中。端承型桩进入持力层的深度有设计确定，一般为桩身直径的1~3倍。

摩擦型桩的桩顶竖向荷载主要由桩侧阻力承受。桩侧阻力除与桩侧土的性能有关外，还与桩的截面周长、桩长有关，所以摩擦型桩施工时必须保证桩的长度或入土深度。此外，摩擦型桩的中心距一般不小于桩身直径的3倍，以便保证桩侧土能提供可靠的桩侧阻力。

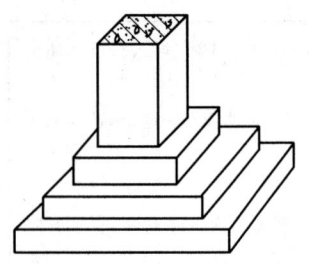

图 4-4 柱下独立基础

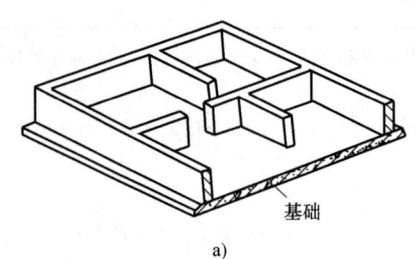

图 4-5 筏形基础
a) 梁板式筏形基础 b) 平板式筏形基础

基础施工图是用来表示建筑物基础的平面布置、标高和详细构造的图纸。对于条形基础、柱下独立基础和筏形基础，基础施工图主要由基础平面布置图、基础详图两部分组成。对桩基础，基础施工图主要由桩基础平面图、承台详图两部分组成。有时，当桩布置较复杂或为图纸清晰和施工方便，将桩基础施工图中的桩基础平面图分成桩平面布置图和承台平面布置图两部分表示，这时桩基础施工图由桩平面布置图、承台平面布置图、承台详图三部分构成。

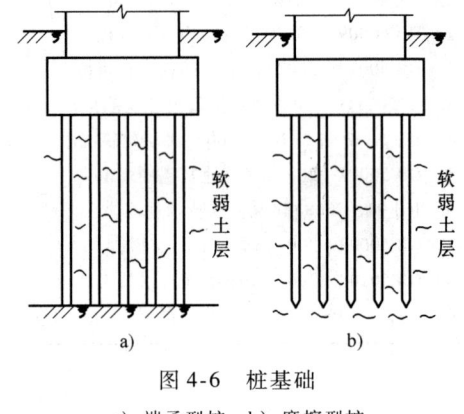

图 4-6 桩基础
a) 端承型桩 b) 摩擦型桩

本书下面以桩基础为例说明。对于条形基础、柱下独立基础和筏形基础，可参照桩基础平面图、承台详图。

一、桩基础平面图

为了表达完整和便于施工，一般在桩基础平面图的图纸上还附带桩身剖面图和桩基础设计说明。

1. 桩基础平面图

桩基础平面图需要说明桩和承台、承台梁、地梁等的平面布置，一般是用一个贴近桩顶并略高于承台、承台梁和地梁底面的假想水平面剖切基础，移去上面部分而形成的水平投影图。剖切到的桩和承台、承台梁和地梁的轮廓线用中实线绘制。

桩基础平面图的主要内容包括：

（1）图名和比例。桩基础平面图的比例应与建筑平面图相同，常用比例为 1:100、1:200。

（2）定位轴线及其编号、间距尺寸。

（3）承台、承台梁、地梁等的平面布置。承台的平面布置应反映出承台底面的形状以及承台、承台梁、地梁的尺寸和与轴线的直线关系。

（4）桩的平面布置。桩平面布置图应反映出桩中心与轴线的关系。对于长度要求不同的桩应区别绘制。

（5）桩顶的标高。通用的桩顶标高可在说明中或标注给出。

（6）承台、承台梁、地梁的代号和编号（CT-×、CTL-×），条形承台或承台梁的剖切位置和编号。

（7）承台连系梁的布置和编号。

（8）施工说明。

在桩基础平面图中，为了图纸简洁，有时不画出承台上部的墙、柱的位置线。这时，施工人员在施工之前，需查阅有关施工图纸，确定承台上部的墙、柱位置，以便正确放置插筋。

2. 桩身剖面图

桩身剖面图为通过桩中心的竖直剖切面。剖切到的桩轮廓线、承台边线用细实线绘制，钢筋用粗实线绘制。如果桩身较长，下部素混凝土部分可以用折断线断开省略绘制。

桩身剖面图的内容包括：

（1）图名。

（2）桩的直径、长度、桩顶嵌入承台内的长度（按规范要求≥50mm）。

（3）桩中的主筋的根数、级别、直径、在桩中的长度、伸入承台内的锚固长度（要求：Ⅰ级钢≥30倍钢筋直径；Ⅱ级钢≥35倍钢筋直径）。

（4）螺旋筋或箍筋的级别、直径和间距。

（5）加劲箍的级别、直径和间距。

（6）桩身断面图的剖切位置。

在桩身剖面图的附近附有桩身断面图时，需在其中进一步说明：

（1）桩径。

（2）主筋的数量、级别、直径和分布位置。

（3）螺旋筋或箍筋的级别、直径、间距和位置。

（4）加劲箍的级别、直径、间距和位置。

3. 桩基础设计说明

图纸不易表示的设计要求，可以通过图纸上的文字说明表达出来。说明一般包括：

（1）设计依据。

（2）单桩承载力的确定要求及试桩的数量。

（3）桩的施工要求，设计单桩承载力特征值，通用桩长、桩顶标高的必要说明。

（4）桩、承台混凝土强度等级，保护层厚度。

（5）有关桩、承台符号、未注明图样的必要说明。

（6）检测桩身完整性的要求、数量。

（7）图中其他未注明图样的必要说明。

（8）施工要求。

（9）不可预知情况的必要说明等。

为了方便施工，有时还在桩基础说明中给出相对标高和绝对标高的关系，以及地下水情况等。

二、承台详图

承台详图是用来反映承台或承台梁的断面形式、尺寸、位置和配筋情况的图纸。

承台详图的内容包括：

（1）图名和比例。

(2) 承台或承台梁的平面形状、与轴线位置关系；断面的形状、尺寸、标高和配筋情况。

(3) 下部桩顶伸入承台的长度。

(4) 上部柱、墙的插筋要求。

(5) 垫层的厚度、材料和混凝土强度等级。

如果多个承台形状相同，仅尺寸边长不同，可以简单地绘制一个承台平面详图和断面图，在其上采用拉丁字母表示承台尺寸，然后列表写明其具体尺寸。

三、桩基础平面图的识读步骤

桩基础平面图及承台详图识读可采用如下步骤：

(1) 查看图名、比例。

(2) 校核轴线编号及其间距尺寸，要求必须与建筑图保持一致（采用CAD绘图一般此步骤可免）。

(3) 阅读说明，明确桩的施工方法，校核施工方法、桩基受力情况、单桩承载力等与地质条件是否相符。

(4) 配合桩身剖面图和说明，分清不同长度或桩顶标高桩的种类，明确每种桩的桩顶标高、数量，确定各桩的平面位置。

(5) 根据说明，明确桩的材料、构造和施工要求。

(6) 根据桩身剖面图和说明，明确每种桩的直径、长度、配筋情况。

(7) 明确单桩承载力检测试桩的数量和锚桩的配筋要求，以便施工前和设计单位共同确定试桩和锚桩的位置，并拟定为缩短工期提早试桩的措施（如加早强剂、提高试桩混凝土等级等）。

(8) 了解检测桩身完整性的要求、数量。

(9) 确定承台的材料、形式、编号及其数量及各承台的平面位置。参照承台详图、说明等，确定各承台的形状、尺寸、标高和配筋等。同时，参照结构平面图，了解柱、剪力墙的平面尺寸、与轴线的几何关系，确定承台上柱、剪力墙插筋的位置、要求。

(10) 确定各条形承台、承台梁、连系梁等的材料、编号、数量和位置。参照承台详图、说明等，确定它们的断面形状、尺寸、标高和配筋等。

(11) 确定垫层的厚度、材料和强度等级。

(12) 明确基础设计说明的其他要求。

四、桩基础平面图及承台详图实例

×××工程的桩基础平面图（图号为G（施)-1）、承台详图（图号为G（施)-2），其中桩基础平面图如图4-7所示，桩身剖面图和桩基础设计说明如图4-8所示，承台详图如图4-9所示。从图中我们可以了解以下内容：

(1) 图4-7为桩基础平面图内容，图号为G（施)-1，绘制比例为1:100。

(2) 轴线编号及其间距尺寸与建筑图一致。

(3) 根据说明，桩采用超流态混凝土灌注桩，桩直径为400mm，单桩承载力特征值为1050KN/根，要求桩全截面入第7层中砂层不小于600mm，属端承桩且符合地质条件。

（4）配合桩身剖面图和说明知，1#楼只有一种桩，桩顶标高为-2.800m（-2.850m+0.050m），共167根，位于承台和承台梁CTL1，各桩中心平面位置如图4-7所示。

（5）根据说明知，桩混凝土强度等级C25，主筋混凝土保护层50mm。

（6）根据桩身剖面图和说明，确定桩长约22.5m，并必须满足桩全截面入第7层中砂层不小于600mm，桩径400mm，下部1000mm扩底，扩底直径600mm，桩顶嵌入承台或承台梁50mm。

配筋情况：主筋①——6根Ⅱ级钢，钢筋直径12mm（6Φ12），长度8500mm，钢筋伸出桩顶420mm，伸出段弯折坡度为420:50，沿桩周均匀分布。

螺旋箍筋②——钢筋为Ⅰ级钢，直径6mm，螺旋箍筋圆周内径300mm，桩身上部箍筋加密区为2000mm+50mm=2050mm，间距为100mm（Φ6@100）；下部为8500mm-420mm-50mm-2000mm=6030mm，间距为200mm（Φ6@200）。

加劲箍③——钢筋Ⅱ级钢，直径12mm，间距2000mm（Φ12@2000），外径为300mm-2×12mm=276mm。

（7）本工程采用超流态混凝土灌注桩，为近几年新工艺，所以根据《建筑基桩检测技术规范》设计要求先试桩后施工。单桩承载力检测试桩的数量要求为其总根数的1%并不于3根，本工程桩总根数167根，故试桩数量为3根。试验桩和锚桩（通长配筋）按设计要求施工。

（8）桩身完整性检测采用低应变动测法，要求抽检桩数应为总桩数的20%，且不少于10根，本工程桩总数为167根，故检测数量为33根。《建筑基桩检测技术规范》要求检测开始时，受检桩混凝土强度至少达到设计强度的70%，且不小于15MPa。

（9）承台混凝土强度等级C35，抗渗等级为P6，底部主筋混凝土保护层⊖为50mm（一般为桩进入承台的长度），其他部位为40mm。

承台共有四种，如图4-9所示：

CT1：数量15个，位于Ⓐ轴线7个、Ⓑ轴线2个、Ⓖ轴线6个。单桩承台，形状为正方形，边长⊜为800mm×800mm，厚度⊜为950mm。各承台平面位置参见图4-7桩基础平面图，以Ⓐ轴各承台为例，纵向承台中心距Ⓐ轴100mm，横向承台中心通过轴线。承台底标高-2.850m。承台配置三向环筋均为Ⅱ级钢，直径为14mm，间距为200mm，尺寸如图4-9中CT1的①号筋，共计20根。

CT2：数量25个，位于Ⓐ、Ⓔ轴线等处。两桩承台，形状为矩形，宽度为1000mm，长度为2000mm，厚度为950mm。各承台平面位置参见图4-7桩基础平面图，承台底标高-2.850m。承台下部纵向钢筋为8根Ⅱ级钢，直径为20mm，长度为1920mm（承台长度2000mm-两端混凝土保护层2×40mm）；上部纵向钢筋为4根Ⅱ级钢，直径为16mm，上部外包尺寸1920mm，两端向下90°弯折直至下部纵向钢筋；箍筋为Ⅱ级钢，直径为14mm，间距为100mm，每个承台20根。

CT3：数量10个，位于Ⓓ轴线3个、Ⓖ轴线7个。三桩承台，形状为去掉顶角的等边三角

⊖ 《建筑地基基础设计规范》规定承台混凝土强度等级不应低于C20，纵向钢筋保护层厚度不应低于70mm，当有混凝土垫层时，不应低于40mm。

⊜ 《建筑地基基础设计规范》规定承台宽度不应小于500mm，边桩中心至承台边缘的距离不宜小于桩的直径或边长，且桩的外边缘至承台边缘的距离不小于150mm。

⊜ 《建筑地基基础设计规范》规定承台的最小厚度不应小于300mm。

形，平面尺寸如图4-9所示，厚度为950mm。各承台平面位置参见图4-7桩基础平面图，承台底标高-2.850m。承台底部三向板带钢筋均为6根Ⅱ级钢，直径为20mm，钢筋端部距承台边为40mm，配筋要求最里面的三根钢筋围成的三角形在柱截面范围内[一]。

CT6：数量3个，位于ⓒ轴线处。六桩承台，形状为矩形，宽度为2000mm，长度为4100mm，厚度为950mm。各承台平面位置参见图4-7桩基础平面图，承台底标高-2.850m。承台下部纵向钢筋为Ⅱ级钢，直径为14mm，间距为100mm，长度为4020mm（承台长度4100mm-两端混凝土保护层2×40mm）；下部横向钢筋为Ⅱ级钢，直径为20mm，间距为110mm，长度为1920mm（承台宽度2000mm-两端混凝土保护层2×40mm）；纵向钢筋在上，横向钢筋在下。

承台上分别有框架柱KZ1和框支柱KZZ1、KZZ2和KZZ3，平面具体位置和截面尺寸、配筋见图4-11，即1#一、二层框支柱平面布置图。在承台施工时，应留设与柱连接的插筋[二]，插筋数量、直径以及钢筋种类与柱内纵向受力钢筋相同。由于承台高度不超过1.2m，柱各插筋的下端均应做成直钩放在基础底板钢筋网上，直钩长度100mm；插筋上端伸出承台顶面（图中要求40倍钢筋直径，如设计没有说明，可按03G101—1《混凝土结构施工图平法整体表示方法制图规则和构造详图》要求，当柱纵向钢筋采用焊接连接时，插筋伸出长度至少$H_n/3$（H_n为所在楼层的柱净高）；当柱纵向钢筋采用绑扎连接时，插筋伸出长度至少为$H_n/3 + l_{lE}$（l_{lE}为有抗震设防要求时的纵向受拉钢筋绑扎搭接长度），为保证同一截面内的钢筋接头面积百分率不大于50%，插筋分成伸出长度不同的两部分，当柱纵向钢筋采用焊接连接时，两区段接头相互错开35d（d为钢筋直径）且不小于500mm；当柱纵向钢筋采用绑扎连接时，两区段接头互相错开$1.3l_{lE}$（根据GB 50010—2002《混凝土结构设计规范》或03G101—1《混凝土结构施工图平法整体表示方法制图规则和构造详图》确定l_{lE}为$1.4l_{aE}$）。插筋在承台内设上下两根箍筋，上端箍筋距承台顶面100mm。

（10）承台梁、连系梁的材料为C35，抗渗等级为P6，底部主筋混凝土保护层[三]底为50mm（一般为桩进入承台的长度），其他部位为40mm。

承台梁共有三种，如图4-9所示：

CTL1：位于Ⓑ轴线至H轴线（主楼）范围内，截面为矩形，宽度为550mm，高度为900mm。承台梁的平面位置参见图4-7桩基础平面图，承台顶标高为-1.950m。承台梁下部纵向钢筋为4根直径为16mm（图中斜线部分为20mm）的Ⅱ级钢筋；上部纵向钢筋同样为4根直径为16mm（图中斜线部分为20mm）的Ⅱ级钢筋；中部两侧各配置2根直径14mm的Ⅱ级纵向构造钢筋[四]。箍筋采用直径10mm（图中斜线部分为12mm）的Ⅰ级钢筋，间距150mm，四肢箍。两侧纵向构造钢筋采用拉筋拉结，拉筋为直径10mm（图中斜线部分为12mm）的Ⅰ

[一]《建筑地基基础设计规范》规定，对于三桩承台，钢筋应按三向板带均匀布置，且最里面的三根钢筋围成的三角形在柱截面范围内。

[二]《建筑地基基础设计规范》规定现浇柱的基础，其插筋数量、直径以及钢筋种类与柱内纵向受力钢筋相同，当轴心受压、小偏心受压柱基础高度≥1200mm，或大偏心受压柱基础高度≥1400mm时，可仅将四角的插筋伸至底板钢筋网上，其余插筋锚固在基础顶面内l_a或l_{aE}处。

[三]《建筑地基基础设计规范》规定承台混凝土强度等级不应低于C20，纵向钢筋保护层厚度不应小于70mm，当有混凝土垫层时，不应小于40mm。

[四]《混凝土结构设计规范》规定，当梁的腹板高度h_w≥450mm时，在梁的两侧应沿高度配置纵向构造钢筋，每侧纵向构造钢筋的截面面积不应小于腹板截面面积的0.1%，且其间距不宜小于200mm。

级钢筋，间距300mm。

CTL2：位于Ⓐ轴线和Ⓑ轴线之间，截面为矩形，宽度为550mm，高度为900mm。承台梁的平面位置参见图4-7桩基础平面图，承台顶标高为-1.950m。承台梁下部纵向钢筋为8根直径为25mm的Ⅱ级钢筋，分两层布置，上层2根，下层6根；承台梁上部纵向钢筋同样为8根直径为25mm的Ⅱ级钢筋，分两层布置，上层6根，下层2根；中部两侧各配置2根直径14mm的Ⅱ级纵向构造钢筋。箍筋采用直径10mm的Ⅰ级钢筋，间距150mm，四肢箍。两侧纵向构造钢筋采用拉筋拉结，拉筋为直径10mm的Ⅰ级钢筋，间距300mm。

CTL3：位于Ⓐ轴线处，截面为矩形，宽度为550mm，高度为900mm。承台梁的平面位置参见图4-7桩基础平面图，承台顶标高为-1.950m。承台梁下部纵向钢筋为6根直径为25mm的Ⅱ级钢筋；承台梁上部纵向钢筋同样为6根直径为25mm的Ⅱ级钢筋；中部两侧各配置2根直径14mm的Ⅱ级纵向构造钢筋。箍筋采用直径10mm的Ⅰ级钢筋，间距150mm，四肢箍。两侧纵向构造钢筋采用拉筋拉结，拉筋直径为10mm的Ⅰ级钢筋，间距为300mm。

承台梁纵向钢筋一般按受拉钢筋要求锚入承台。

承台和承台梁上落有剪力墙，平面具体位置和墙体厚度、配筋见图4-11，即1#一、二层框支柱平面布置图。在承台、承台梁施工时，应留设与剪力墙连接的插筋○，插筋数量、直径以及钢筋种类与墙内竖向钢筋相同。墙柱，小墙肢的插筋与箍筋构造与框架柱相同，墙身筋插入承台梁的长度应满足锚固要求及有关规定，上端伸出承台顶面至少为l_{lE}。

连系梁是主要加强承台两个主轴方向的联系件。单桩承台，在两个互相垂直方向上设置连系梁；两桩承台，在短向设置连系梁；有抗震要求的柱下独立承台，需要在两个主轴方向设置连系梁。连系梁顶面一般与承台位于同一标高。连系梁的宽度不小于250mm，高度取承台中心距的1/10~1/15。上下纵向钢筋直径不小于12mm且不应少于2根，并需按受拉要求锚入承台。本工程连系梁共两种，如图4-9所示。

LXL1：用于承台之间的连接，其跨度不超过6m，截面为矩形，宽度为300mm，高度为400mm。连系梁的平面位置参见图4-7桩基础平面图，连系梁顶标高为-1.950m。连系梁下部纵向钢筋为3根直径为16mm的Ⅱ级钢筋；连系梁上部纵向钢筋同样为3根直径为16mm的Ⅱ级钢筋。箍筋采用直径8mm的Ⅰ级钢筋，间距为200mm。

LXL2：位于⑧轴线、⑯轴线和⑱轴线，截面为矩形，宽度为300mm，高度为500mm。连系梁的平面位置参见图4-7桩基础平面图，连系梁顶标高为-1.950m。连系梁下部纵向钢筋为3根直径为16mm的Ⅱ级钢筋；连系梁上部纵向钢筋同样为3根直径为16mm的Ⅱ级钢筋；中部两侧各配置1根直径14mm的Ⅱ级纵向构造钢筋。箍筋采用直径8mm的Ⅰ级钢筋，间距为200mm。

承台梁纵横交接处的钢筋构造如图4-9所示。

(11) 垫层混凝土强度等级为C15，厚度为100mm，四周超出承台或承台梁100mm。

(12) 图中斜线部分、后浇带和基坑回填等要求见基础设计说明。

○《建筑地基基础设计规范》规定现浇柱的基础，其插筋数量、直径以及钢筋种类与柱内纵向受力钢筋相同，当轴心受压、小偏心受压柱基础高度≥1200mm，或大偏心受压柱基础高度≥1400mm时，可仅将四角的插筋伸至底板钢筋网上，其余插筋锚固在基础顶面下l_a或l_{aE}处。

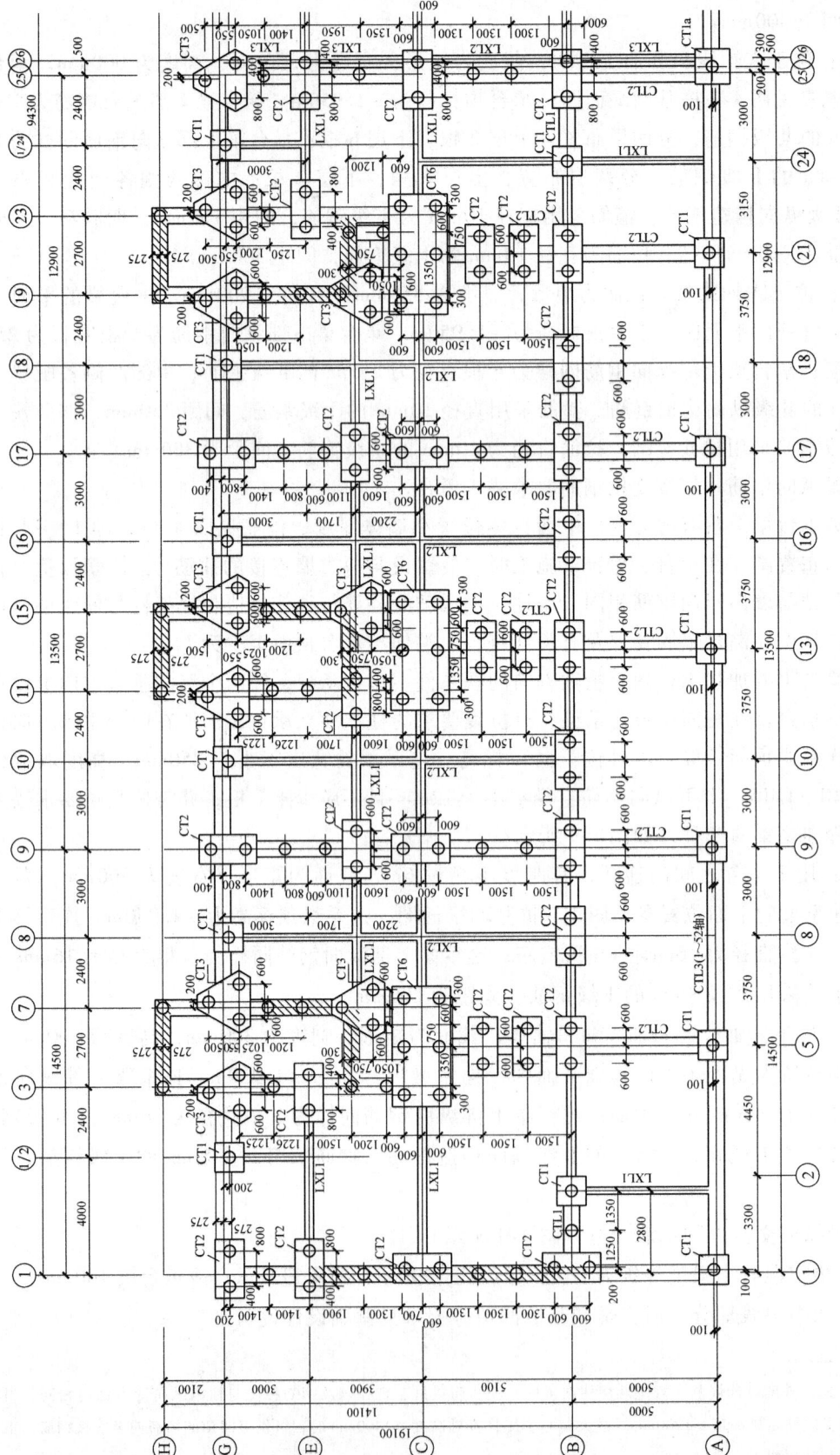

图 4-7 桩基础平面图

基础设计说明：

1. 本图为桩位、承台、承台梁、地梁布置图，±0.000绝对标高120.400m。

2. 单桩承载力特征值根据甲方提供的×××市建筑设计院岩土公司编号2006-0949的地质报告及（DB23/902—2005）《建筑地基基础设计规范》计算确定，未特殊标注桩顶标高为-2.80。基础其他主要设计依据见总说明。

3. 单桩承载力必须经静载试验检测，试桩根数分别为其总根数的1%并不少于3根，要求先试桩后施工。

4. 桩基础采用超流态混凝土灌注桩，桩直径为400mm，ZH1单桩承载力特征值为1050KN/根，用⊕表示，桩长为24.90m，并要求ZH1全截面入第7层中砂层不小于0.60m。

5. 混凝土：桩C25，承台C35（P6）。主筋保护层：桩50mm；其余部位40mm。

6. 钢筋采用HPB235（Φ），HRB335（Φ）。

7. 未注明位置的承台及桩中心对中墙中柱中心放置，未注明墙下承台梁为CTL1，▨▨表示连系梁LXL1、2，承台梁主筋锚入承台板内40d。未注明承台梁、地梁均对称轴线分中。

8. 桩应进行桩身质量检验，可采用低应变动测法检测，抽检桩数应为总桩数的20%，且不少于10根。

9. 试验桩及锚桩应按有关规定施工。

10. 设计水位绝对标高为118.400m，在图示▨▨范围-0.050m标高处设250mm厚混凝土底板，内配Φ14@200×200双层双向钢筋网，底板下设100mm厚C15素混凝土垫层。

11. 本工程按常温进行设计，未考虑负温作用带来的不利影响，若冬季施工，须按冬季施工规范执行。

12. 本工程按6度设防进行设计。

13. 未尽事宜严格按有关设计及施工规程执行。

14. 为保证单桩设计承载力的实现，特提出以下要求：

a. 施工单位应选用具有一级施工资质并有质量保证体系的企业。

b. 施工方案须经监理和有关部门认可后方能施工。

15. 基坑开挖时应采取必要的防护及降水措施，具体作法由施工单位确定，且应考虑对相邻建筑影响。

16. 收缩后浇带范围的结构从基础到屋面须先绑钢筋，在两侧混凝土浇注完后两个月再用高一级的膨胀混凝土浇注。

17. 在-0.050m标高以下结构施工完强度达100%后基坑周围用粗砂分层夯实至-0.050m标高，夯实方法同1-1剖面。

18. 本图须经有资质的审图机构审查通过后方可施工。

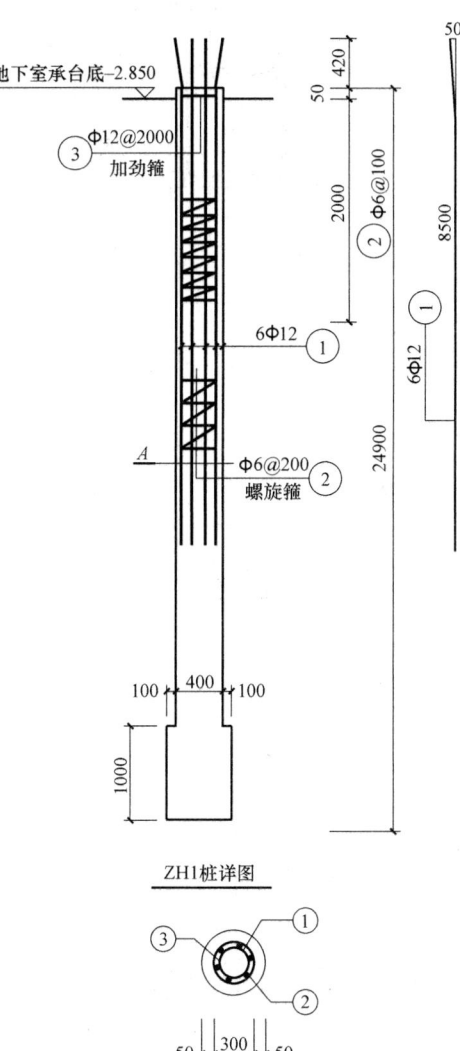

图4-8 桩身剖面图和桩基础设计说明

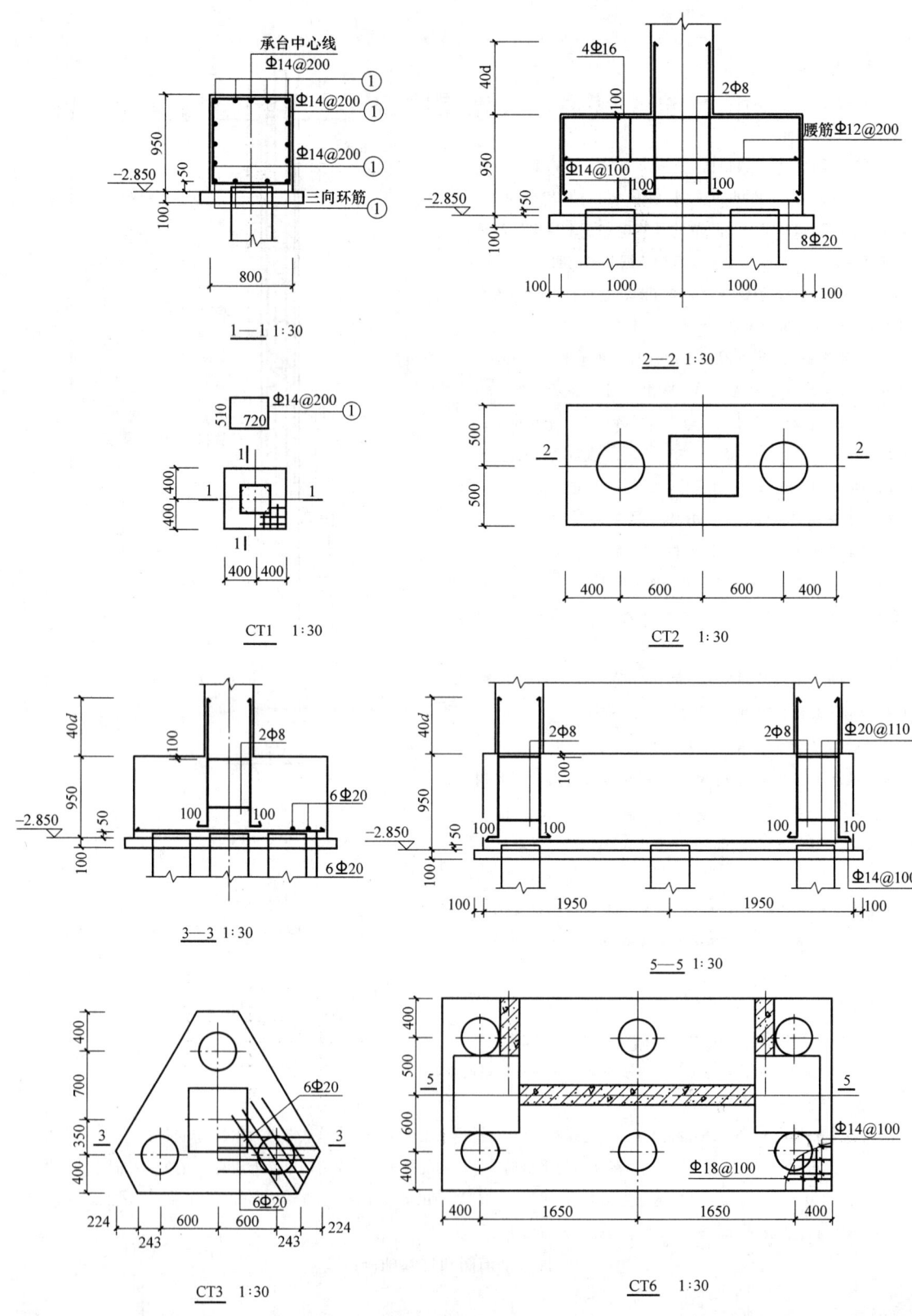

图 4-9 承台详图

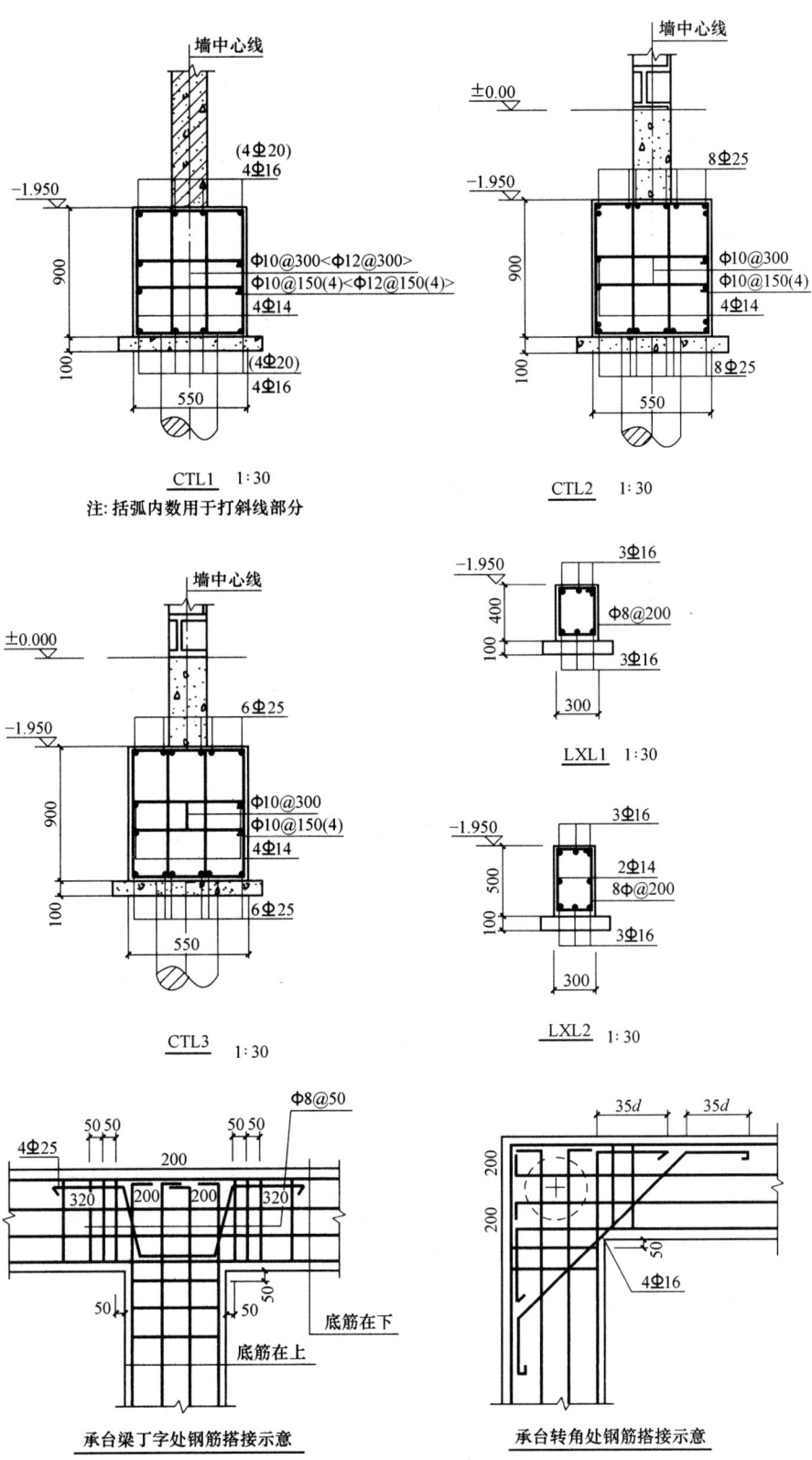

图 4-9 承台详图（续）

第四节　结构平面图

一、结构平面图概述

楼层结构平面图是用假想的水平面（如沿楼层中部）将建筑物水平剖开，移去上面部分后向下投影而成的水平剖面图。它是用来表示各层柱、墙、梁、板、过梁和圈梁等的平面布置情况，以及各现浇混凝土构件尺寸与配筋情况的图纸。

二、结构平面图的内容

建筑物结构平面图一般包括以下内容：
（1）定位轴线及其编号、间距尺寸。
（2）墙体、门窗洞口的位置以及门窗洞口上方布置的过梁或连梁的编号。
（3）构造柱和柱的编号、位置、尺寸和配筋。
（4）钢筋混凝土梁的编号、位置以及现浇钢筋混凝土梁的尺寸和配筋情况。
（5）预制板的布置情况和现浇钢筋混凝土板的标高、厚度和配筋情况。
（6）各节点详图的剖切位置。

砌体结构中的圈梁平面布置另用示意图说明。在圈梁平面布置图中，圈梁一般用粗实线或粗点画线绘制，同时要求给出圈梁的编号、截面尺寸和配筋情况。

现浇混凝土结构的柱、剪力墙、梁等施工图一般采用平面整体表示方法（简称平法）绘制，即把结构构件的尺寸和配筋等，按照平面整体表示方法制图规则，整体直接表达在各类构件的结构平面布置图上，再与构造详图相配合，构成一套完整的结构设计施工图。根据结构的复杂程度，上述结构平面图内容的柱、墙、梁、板单独或合并绘制。

另外，在平法施工图中，用表格或其他方式标注包括地下和地上各层的结构楼层（地）面标高、结构层高和相应的结构层号。

本书已现浇混凝土结构为例，说明结构施工图。

三、柱平法施工图

假想从楼层中部将建筑物水平剖开，向下投影而成的柱平面图。柱平法施工图则是在柱平面布置图上采用截面注写方式或列表注写方式表达框架柱、框支柱、芯柱、梁上柱和剪力墙上柱的截面尺寸、与轴线几何关系和配筋情况。

1. 柱平法施工图主要内容

柱平法施工图的主要内容包括：
（1）图名和比例。柱平法施工图的比例应与建筑平面图相同。
（2）定位轴线及其编号、间距尺寸。
（3）柱的编号、平面布置、与轴线的几何关系。
（4）每一种编号柱的标高、截面尺寸、纵向钢筋和箍筋的配置情况。

(5) 必要的设计说明（包括对混凝土等材料性能的要求）。

注写每一种编号柱的截面尺寸、纵向钢筋和箍筋的配置情况有两种方式：截面注写方式和列表注写方式。

截面注写方式，是在分层绘制的柱平面布置图中，分别在同一种编号的柱中选择一个截面，以直接注写截面尺寸和配筋具体数值的方式来表达柱平法施工图。采用截面注写方式时，需在柱平面布置图中标注柱截面与轴线关系的具体数值，而在原位或其他位置按另一种比例放大绘制柱截面配筋图，并在各配筋图上注写柱编号、截面尺寸 $b \times h$、角筋或全部纵筋（仅当纵筋采用一种直径且能够图示清楚时）和箍筋的具体数值。当纵筋采用两种直径时，需再注写截面各边中部筋的具体数值（对于采用对称配筋的矩形截面柱，可仅在一侧注写中部钢筋，对称边省略不写）。截面注写方式表达的××工程柱平法施工图如图 4-11、图 4-12 所示。

列表注写方法，则是在柱平面布置图上（一般只需采用适当比例绘制一张柱平面布置图），分别在每一编号的柱中选择一个（有时几个）截面标注与轴线关系的几何参数代号；而在柱表中注写柱号、柱段起止标高、几何尺寸（含柱截面对轴线的偏心情况）与配筋的具体数值，并配以各种柱截面形状及其箍筋类型图的方式，来表达柱平法施工图。柱平法施工图列表注写方式如图 4-10 所示。

2. 柱平法施工图识读步骤

柱平法施工图识读可按如下步骤：

(1) 查看图名、比例。

(2) 校核轴线编号及间距尺寸，要求必须与建筑图、基础平面图一致。

(3) 与建筑图配合，明确各柱的编号、数量和位置。

(4) 阅读结构设计总说明或有关说明，明确柱的混凝土强度等级。

(5) 根据各柱的编号，查看图中截面标注或柱表，明确柱的标高、截面尺寸和配筋情况。再根据抗震等级、设计要求和标准构造详图确定纵向钢筋和箍筋的构造要求（如纵向钢筋连接的方式、位置，搭接长度，弯折要求，柱顶锚固要求，箍筋加密区的范围等）。

(6) 图纸说明其他的有关要求。

3. 柱平法施工图实例

图 4-11、图 4-12 为用截面注写方式表达的××工程柱平法施工图。从图中可以了解以下内容：

图 4-11 为柱平法施工图，绘制比例为 1:100。轴线编号及其间距尺寸与建筑图、基础平面布置图一致。

该柱平法施工图中的柱包含框架柱和框支柱，共有 4 种编号，其中框架柱 1 种，框支柱 3 种。

7 根 KZ1，位于Ⓐ轴线上；34 根 KZZ1 分别位于Ⓒ、Ⓓ、Ⓔ和Ⓖ轴线上；2 根 KZZ2 位于Ⓓ轴线上；13 根 KZZ3，位于Ⓑ轴线上。

阅读结构设计总说明知，柱的混凝土强度等级为 C30。

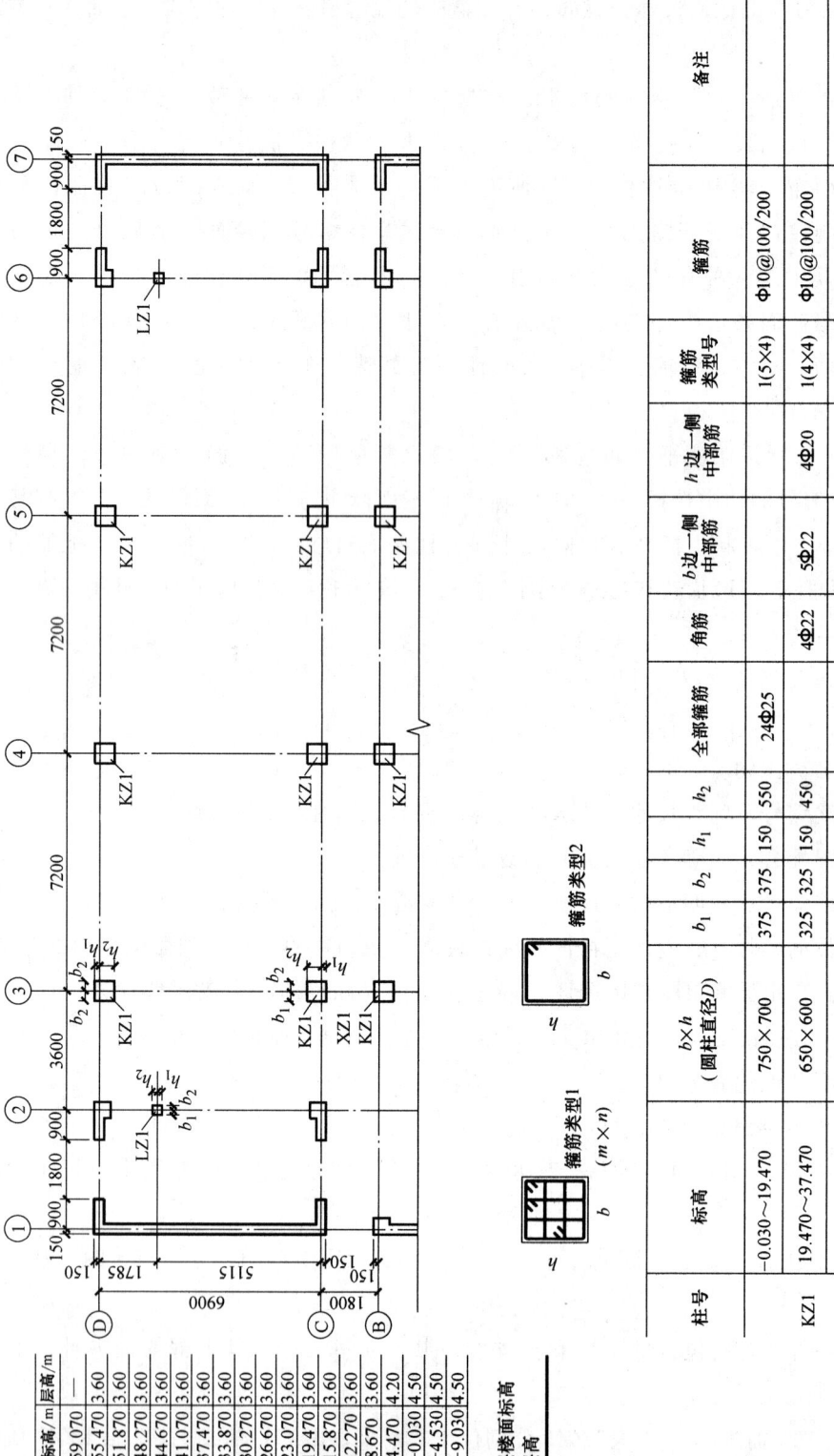

图 4-10 柱平法施工图列表注写方式

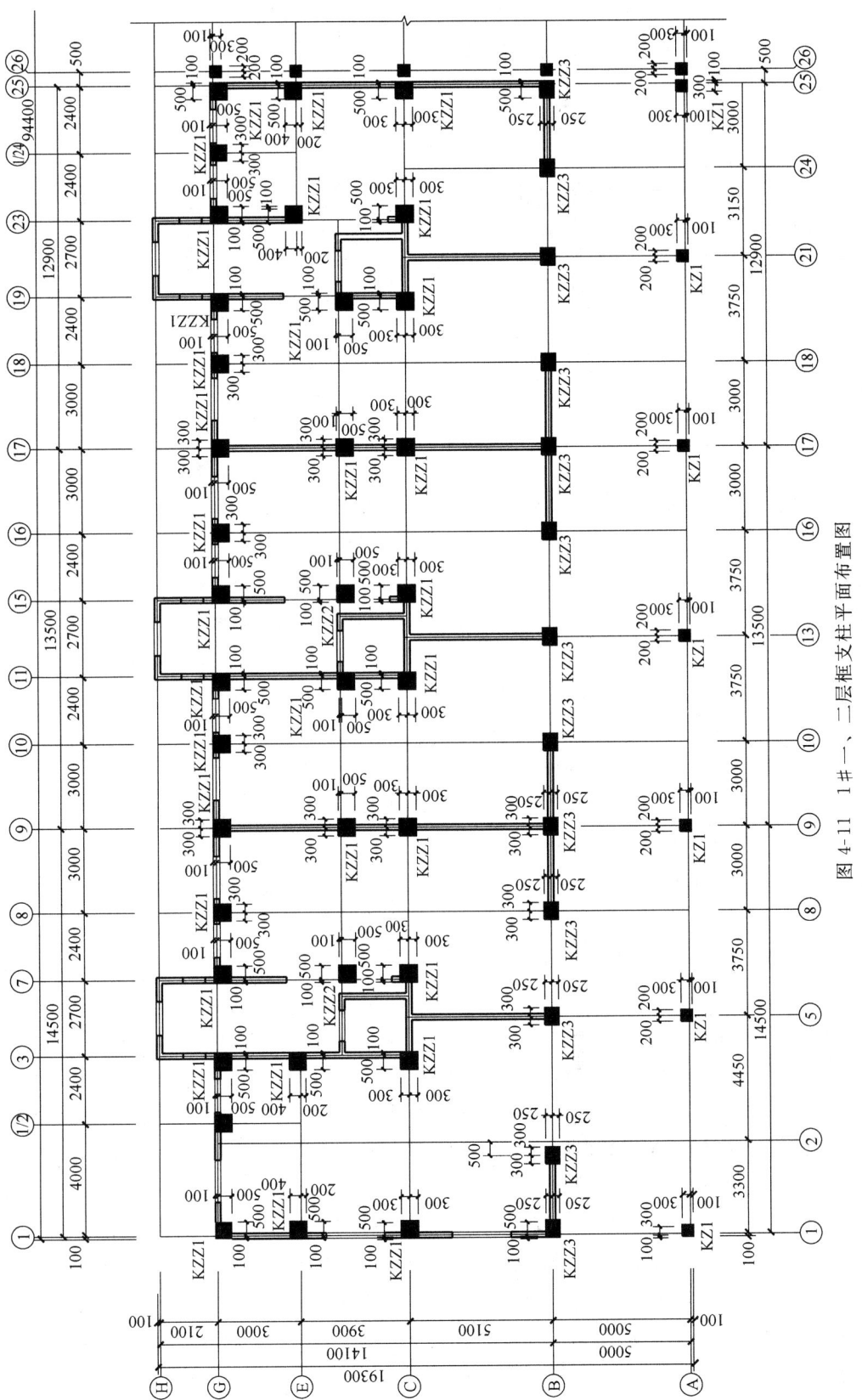

图 4-11 1#一、二层框支柱平面布置图

柱的标高参见一、二层混凝土墙暗柱平面布置图，承台顶标高为－1.900m。各柱平面位置见图4-11，截面尺寸和配筋情况见图4-12。

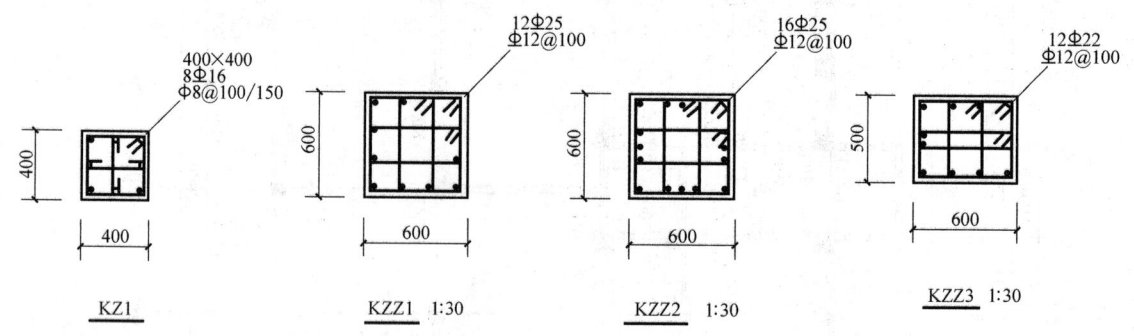

图4-12 柱截面和配筋

根据结构设计总说明，结构构件抗震等级：转换层以下框架为二级，一、二层剪力墙及转换层以上两层剪力墙，抗震等级为三级，以上各层抗震等级为四级。

根据结构设计总说明和一、二层框支柱平面布置图知：

KZ1：框架柱，截面尺寸为400mm×400mm，纵向受力钢筋为8根直径为16mm的Ⅱ级钢筋；箍筋直径为8mm的Ⅰ级钢筋，加密区间距为100mm，非加密区间距为150mm。根据（GB 50010—2002）《混凝土结构设计规范》（以下简称《混凝土规范》）和《混凝土结构施工图平面整体表示方法制图规则和构造详图》（以下简称《平法规则和构造详图》），考虑抗震要求框架柱和框支柱上、下两端箍筋应加密。箍筋加密区长度为：基础顶面以上底层柱根加密区长度不小于底层净高的1/3；其他柱端加密区长度应取柱截面长边尺寸、柱净高的1/6和500mm中的最大值；刚性地面上、下各500mm的高度范围内箍筋加密。因为是二级抗震等级，根据《混凝土规范》，角柱应沿柱全高加密箍筋。

KZZ1：框支柱，截面尺寸为600mm×600mm，纵向受力钢筋为12根直径为25mm的Ⅱ级钢筋；箍筋直径为12mm的Ⅱ级钢筋，间距100mm，全长加密。

KZZ2：框支柱，截面尺寸为600mm×600mm，纵向受力钢筋为16根直径为25mm的Ⅱ级钢筋；箍筋直径为12mm的Ⅱ级钢筋，间距100mm，全长加密。

KZZ3：框支柱，截面尺寸为600mm×500mm，纵向受力钢筋为12根直径为22mm的Ⅱ级钢筋；箍筋直径为12mm的Ⅱ级钢筋，间距100mm，全长加密。

柱纵向钢筋的连接可以采用绑扎搭接和焊接连接，框支柱宜采用机械连接，连接一般设在非箍筋加密区。连接时，柱相邻纵向钢筋接头应相互错开，为保证同一截面内钢筋接头面积百分率不大于50%，纵向钢筋分两段连接，具体见图4-13所示。绑扎搭接时，图中的绑扎搭接长度为$1.4l_{aE}$，同时在柱纵向钢筋搭接长度范围内加密箍筋，加密箍筋间距取$5d$（d为搭接钢筋钢筋较小直径）及100mm的较小值（本工程KZ1加密箍筋间距为80mm；框支柱为100mm）。从结构设计总说明知，抗震等级为二级、C30混凝土时的l_{aE}为$34d$。

根据结构设计总说明，框支柱在三层墙体范围内的纵向钢筋应伸入三层墙体内至三层天棚顶，其余框支柱和框架柱KZ1钢筋按《平法规则和构造详图》锚入梁板内。根据《平法规则和构造详图》，抗震框架边柱和角柱柱顶纵向钢筋构造如图4-14两种类型（其中构造A、B、

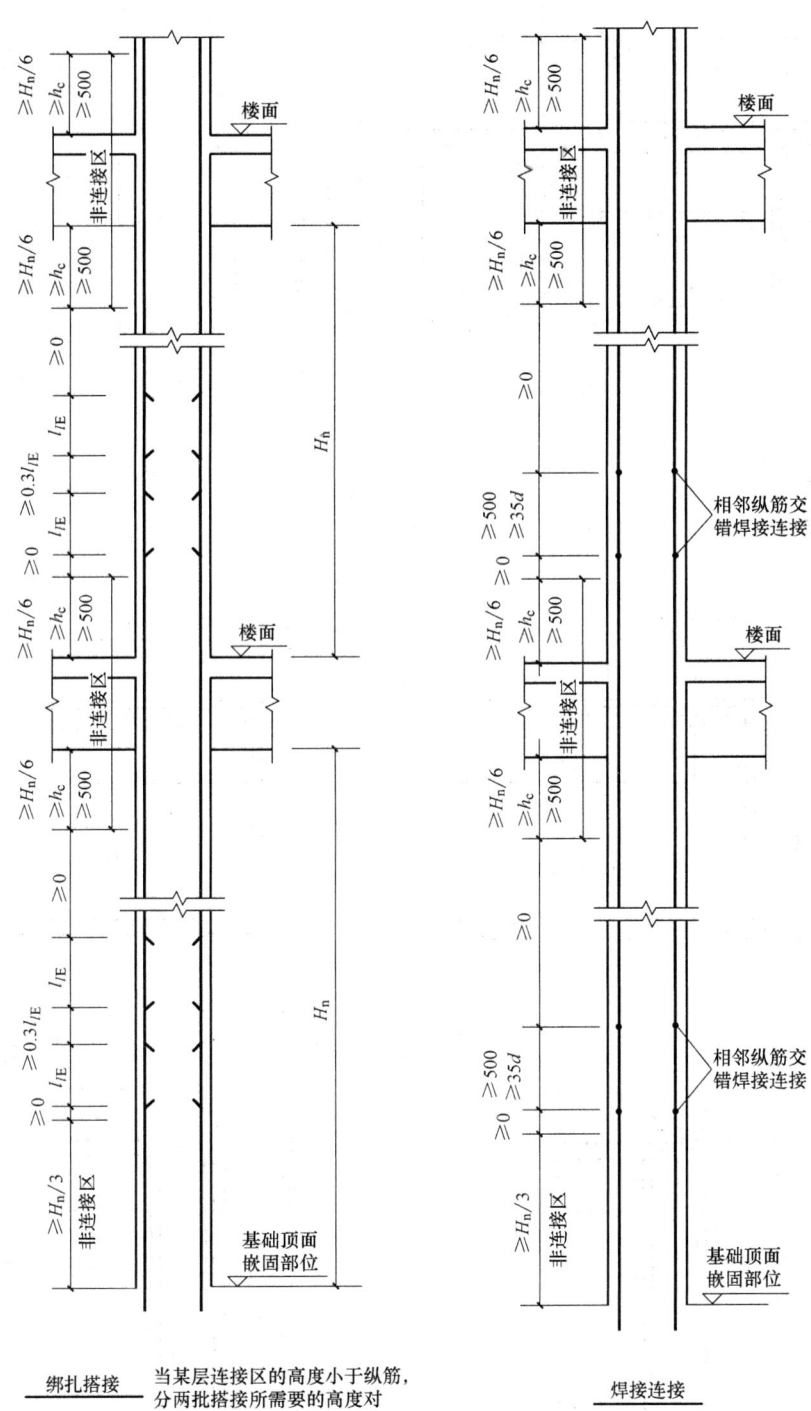

图 4-13 抗震框架柱纵向钢筋绑扎搭接和焊接连接构造

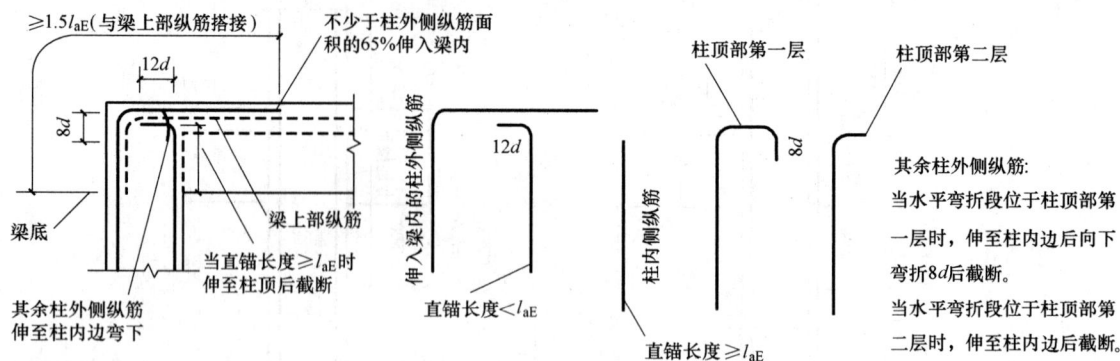

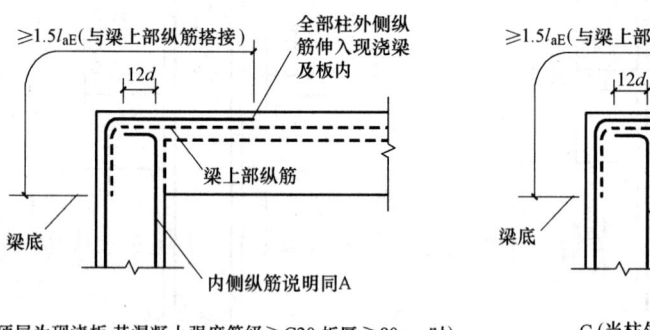

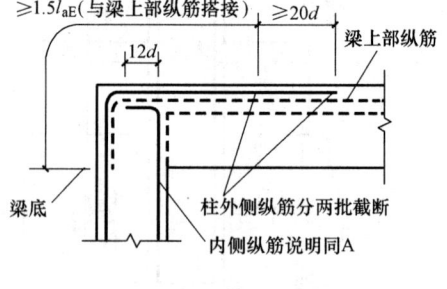

图 4-14 抗震框架边柱和角柱柱顶纵向钢筋构造

C属类型（一），D、E属类型（二）），根据设计指定选用，如设计未指定，施工可根据具体情况自主选定。本工程柱外侧纵向钢筋配筋率≤1.2%，且混凝土强度等级≥C20，板厚≥80mm，所以柱顶构造可选用构造A、B或D。

四、剪力墙平法施工图

假想从楼层中部将建筑物水平剖开，向下投影而成的剪力墙平面布置图。剪力墙根据配筋形式可将其看成由剪力墙柱、剪力墙身和剪力墙梁（简称为墙柱、墙身、墙梁）三类构件组成。剪力墙平法施工图中，需要根据截面尺寸或配筋的不同，对墙柱、墙身和墙梁分别进行编号，编号由墙柱、墙身或墙梁类型代号和序号（墙身编号后面还需附以括号，括号内注写墙身所配置的水平与竖向分布钢筋的排数）组成，类型代号见表4-4，如约束边缘暗柱YAZ1、剪力墙身Q1（2排）、连梁（有交叉暗撑）LL（JC）1、连梁（有交叉钢筋）LL（JG）1。

剪力墙平法施工图，是在剪力墙平面布置图（有时为图面简洁，在表达完整的前提下，可以将剪力墙柱、剪力墙身和剪力墙梁分别画在不同的平面布置图上，即有剪力墙墙柱平面布置图、墙梁配筋平面图）上采用截面注写方式或列表注写方式表达剪力墙柱、剪力墙身和剪力墙梁的标高、偏心定位尺寸（仅对轴线未居中的剪力墙）、截面尺寸和配筋情况等。

列表注写方式，是分别在剪力墙柱表、剪力墙身表和剪力墙梁表中，对应于剪力墙平面布置图上的各个编号，用绘制截面配筋图并注写几何尺寸与配筋具体数值的方式，来表达剪力墙平法施工图。在剪力墙柱表中，标写墙柱的几何尺寸（在墙身部分未注明的几何尺寸按标准构造详图取值）和配筋形式、墙柱编号、各段墙柱的起止标高、纵向钢筋及箍筋。在剪力墙身表中，注写墙身编号、各段墙身起止标高、水平分布钢筋（数值为规格与间距）和竖向分布钢筋。在剪力墙梁表中，注写墙梁的编号、墙梁所在楼层号、墙梁顶面标高相对于墙梁所在结构层楼面的高差值（高于楼面为正值，低于楼面为负值，当无高差时不注）、墙梁截面尺寸$b \times h$、上部纵筋、下部纵筋和箍筋。当连梁中设有斜向交叉暗撑，尚需注写一根暗撑的全部纵筋，并在其后面加注"×2"表明有两根暗撑相互交叉，然后注明箍筋的数值（暗撑的截面尺寸按构造确定，具体按标准构造详图施工，设计不标注）；当连梁中设有斜向交叉钢筋，尚需注写一道斜向钢筋的配筋值，并在其后面加注"×2"表明有两道钢筋相互交叉。此外，墙梁侧面一般配有纵向构造钢筋，当墙身水平分布钢筋满足连梁、暗梁及边框梁的梁侧面纵向构造钢筋的要求时，梁侧按墙身水平分布钢筋配置，表中不注明，按标准构造详图的要求施工；但当墙身水平分布钢筋不满足梁侧配筋要求，应在表中给出梁侧面纵向钢筋的具体数值。图4-16示例为列表注写方式。

截面注写方式，是在分层绘制的剪力墙平面布置图时，以直接在墙柱、墙身、墙梁上注写截面尺寸和配筋具体数值的方式来表达剪力墙平法施工图。在截面注写方式表达剪力墙平法施工图时，可以选用适当比例原位放大绘制剪力墙平面布置图，在对所有墙柱、墙身、墙梁进行编号的基础上，分别在每一种编号的墙柱、墙身、墙梁中选择一个墙柱、墙身、墙梁进行注写。在注写剪力墙柱时，需绘制截面配筋图，并标注截面尺寸、全部纵筋及箍筋的具体数值；在注写剪力墙身时，需依次引注墙身编号、墙厚尺寸、水平分布筋、竖向分布筋和拉筋的具体数值；在注写剪力墙梁时，需依次引注墙梁编号、墙梁截面尺寸$b \times h$、墙梁箍筋、上部纵筋、下部纵筋和墙梁顶面标高高差的具体数值。当连梁设有斜向交叉暗撑时，还要以JC打头加注一根暗撑的全部纵筋，并标注"×2"表示有两根暗撑相互交叉，以及箍筋的具体数值；当连梁设有斜向交叉钢筋时，还要以JG打头附加注写一道斜向钢筋的配筋值，并标注"×2"表明有两道斜向钢筋相互交叉。图4-15为截面注写方式图例。

1. 剪力墙平法施工图主要内容

剪力墙平法施工图的主要内容包括：

（1）图名和比例。剪力墙平法施工图的比例应与建筑平面图相同。

（2）定位轴线及其编号、间距尺寸。

（3）剪力墙柱、剪力墙身和剪力墙梁的编号、平面布置。

（4）每一种编号剪力墙柱、剪力墙身和剪力墙梁的标高、截面尺寸、配筋情况。

（5）必要的设计详图和说明（包括混凝土等的材料性能要求）。

2. 剪力墙平法施工图识读步骤

剪力墙平法施工图识读可按如下步骤：

（1）查看图名、比例。

（2）校核轴线编号及其间距尺寸，要求必须与建筑图、基础平面图保持一致。

（3）阅读结构设计总说明或图纸说明，明确剪力墙的混凝土强度等级。

（4）与建筑图配合，明确各段剪力墙柱的编号、数量、位置；查阅剪力墙柱表或图中截面标注等，明确墙柱的截面尺寸、配筋形式、标高、纵筋和箍筋情况。再根据抗震等级、设计要求，查阅平法标准构造详图，确定纵向钢筋在转换梁等上的锚固长度、连接构造。

（5）所有洞口的上方必须设置连梁。与建筑图配合，明确各洞口上方连梁的编号、数量、位置；查阅剪力墙柱表或图中截面标注等，明确连梁的标高、截面尺寸、上部纵筋、下部纵筋和箍筋情况。再根据抗震等级、设计要求，查阅平法标准构造详图，确定连梁的侧面构造钢筋、纵向钢筋伸入剪力墙内的锚固要求、箍筋构造等。

（6）与建筑图配合，明确各段剪力墙身的编号、位置；查阅剪力墙身表或图中截面标注等。明确各层各段剪力墙的厚度、水平分布钢筋、垂直分布钢筋和拉筋。再根据抗震等级、设计要求，查阅平法标准构造详图，确定剪力墙身水平钢筋、竖向钢筋的连接和锚固构造。

（7）明确图纸说明的其他要求，包括暗梁的设置要求等。

3. 剪力墙平法施工图实例

在此，以标准层为例简单介绍剪力墙平法施工图的识读。

××工程剪力墙平法施工图采用列表注写方式，为图面简洁，将剪力墙墙柱、墙梁和墙身分别绘制在不同的平面布置图中。图4-16为××工程标准层墙柱平面布置图，图4-17为相应的剪力墙柱表，表4-11为剪力墙柱相应的图纸说明，图4-18（见文后插页）为标准层顶梁配筋平面图（将墙梁和楼面梁平面布置合二为一），图4-19为相应的连梁类型和连梁表，表4-10为相应的剪力墙身表，表4-12为连梁和墙身相应的图纸说明。

从图4-16、图4-17、表4-11可以了解一下内容：

图4-16为剪力墙柱平法施工图，绘制比例为1:100。

轴线编号及其间距尺寸与建筑图、框支柱平面布置图一致。

阅读结构设计总说明或图纸说明知，剪力墙混凝土强度等级为C30。一、二层剪力墙及转换层以上两层剪力墙，抗震等级为三级，以上各层抗震等级为四级。

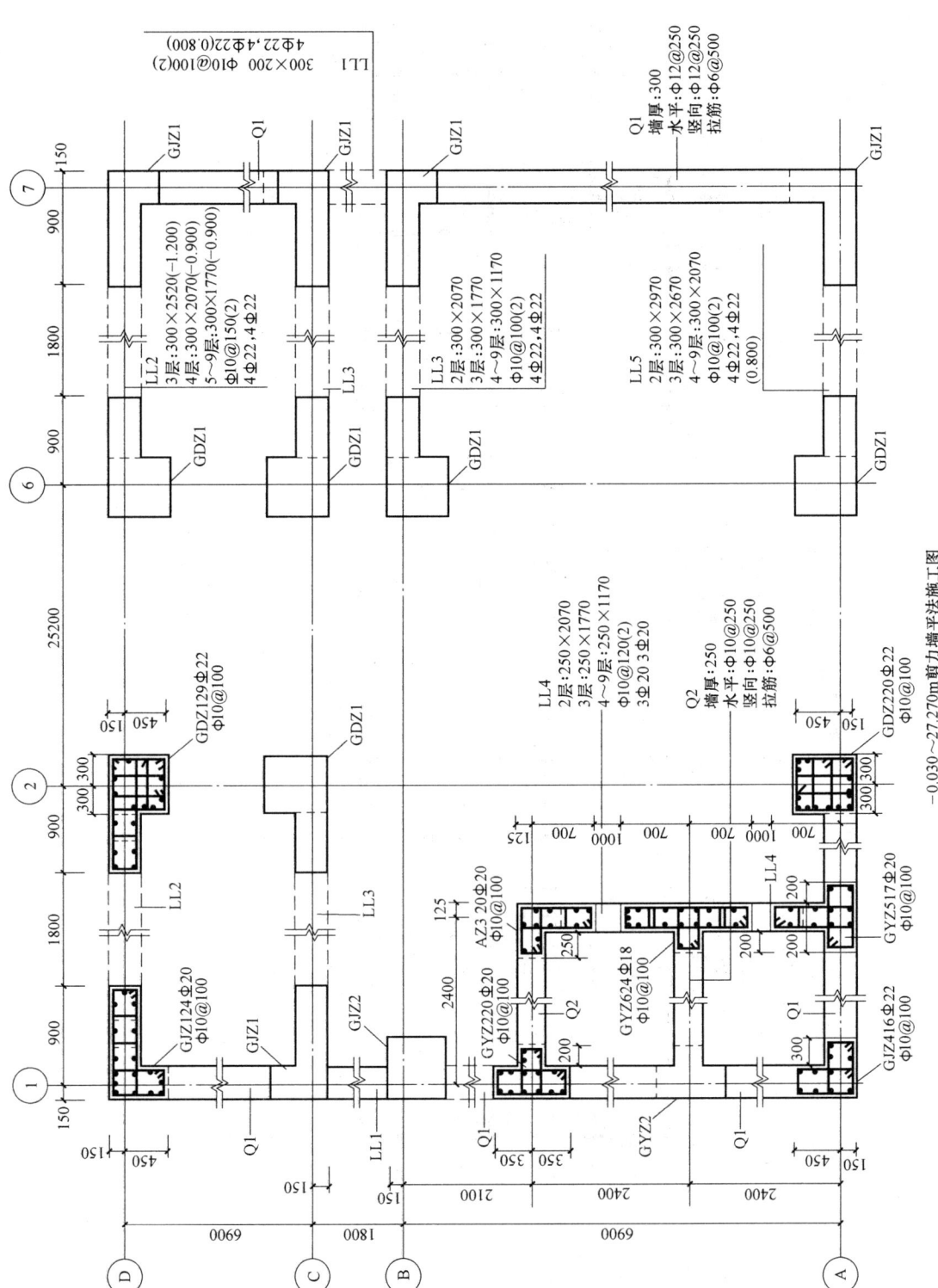

图 4-15　−0.030∼27.270m 剪力墙平法施工图截面注写方式示例

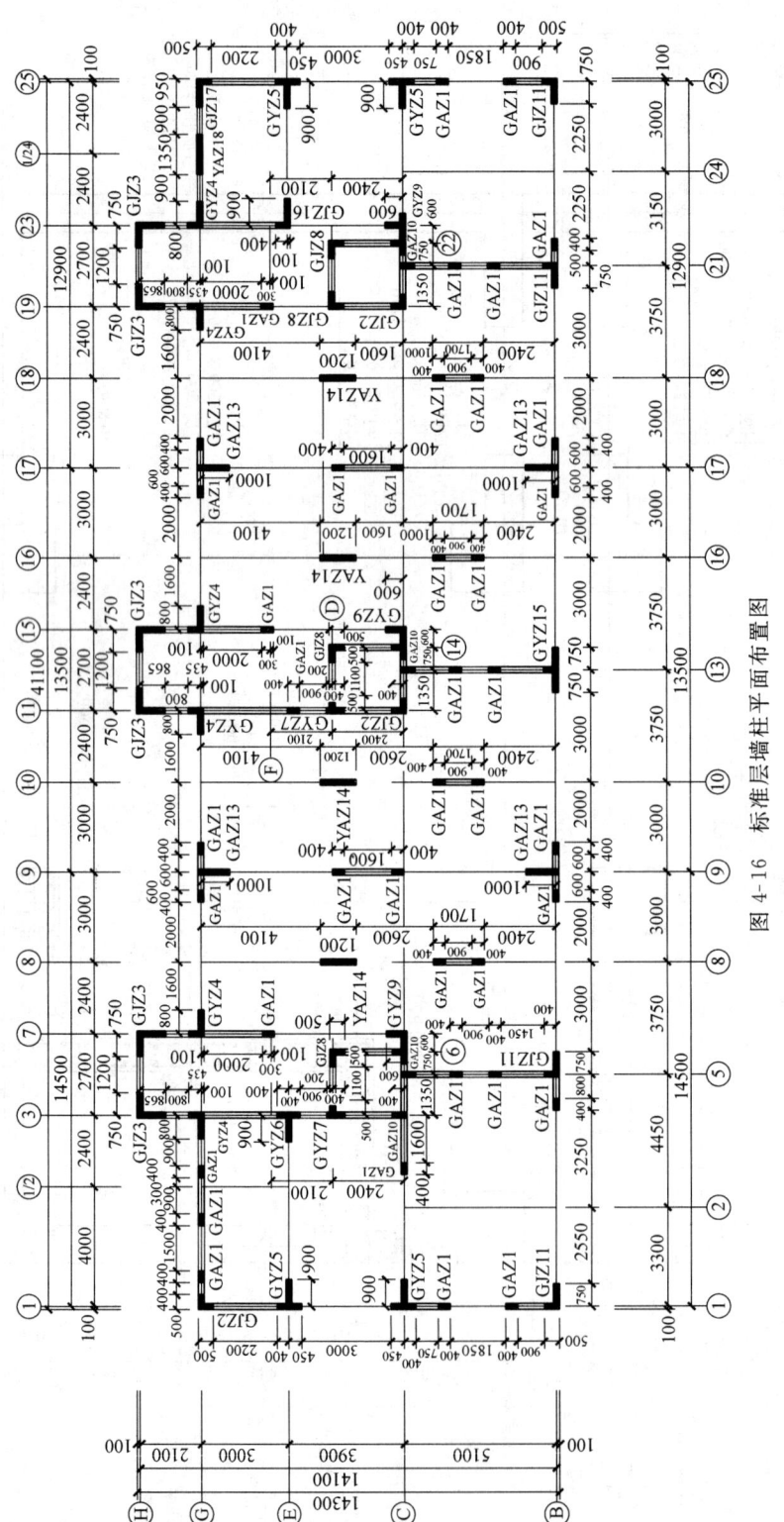

图 4-16 标准层墙柱平面布置图

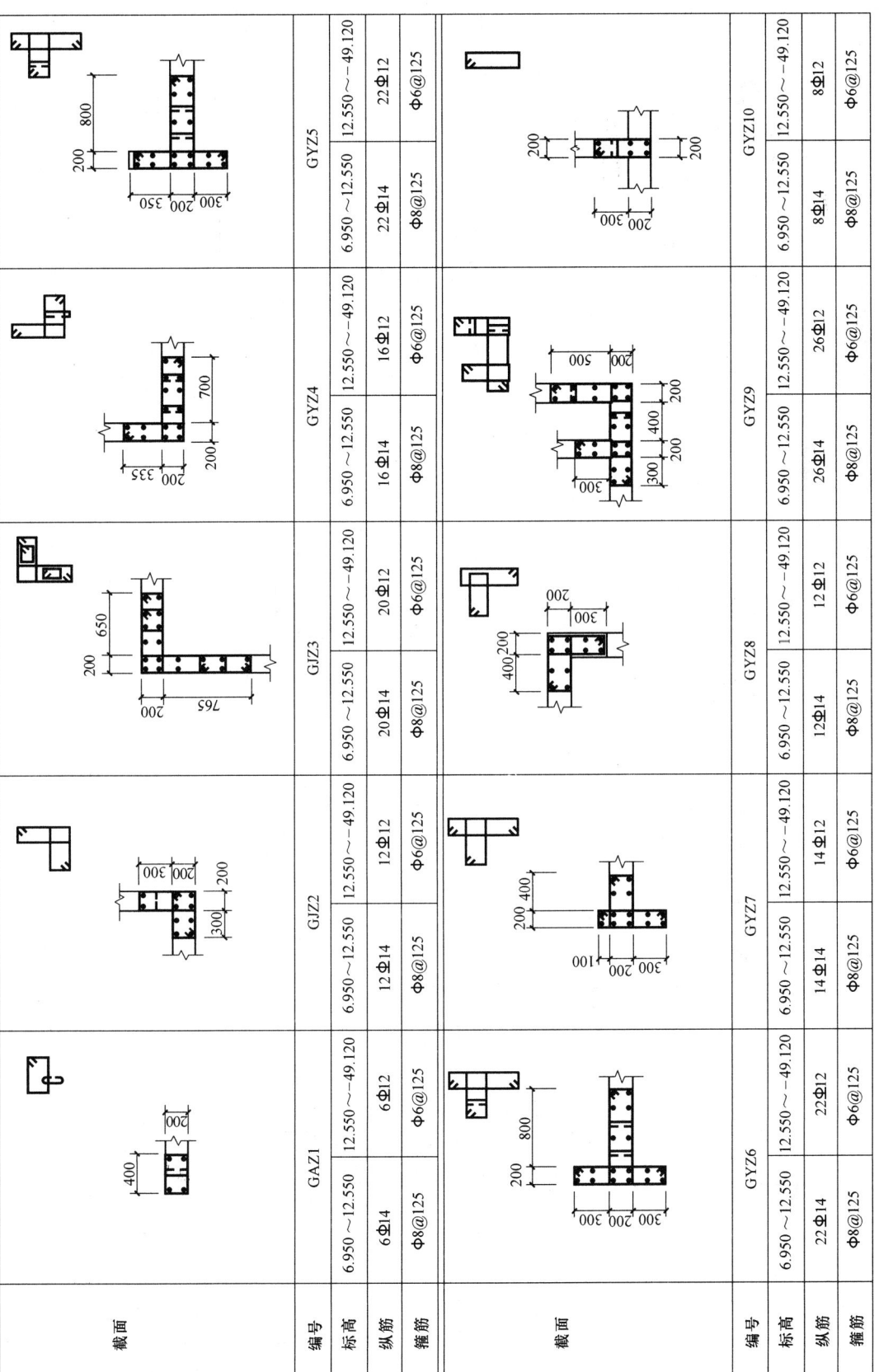

图 4-17 标准层剪力墙柱表

截面		编号	标高	纵筋	箍筋		截面		编号	标高	纵筋	箍筋
		GYZ11	6.950~12.550	16Φ14	Φ8@125				GJZ16	6.950~12.550	16Φ14	Φ8@125
			12.550~49.120	16Φ12	Φ6@125					12.550~49.120	16Φ12	Φ6@125
		YAZ12	6.950~12.550	14Φ20	Φ12@125				YAZ17	6.950~12.550	16Φ20	Φ12@125
			12.550~49.120	14Φ16	Φ10@125					12.550~49.120	16Φ16	Φ10@125
		GAZ13	6.950~12.550	14Φ14	Φ8@125				GYZ18	6.950~12.550	30Φ14	Φ8@125
			12.550~49.120	14Φ12	Φ6@125					12.550~49.120	30Φ12	Φ6@125
		GAZ14	6.950~12.550	24Φ14	Φ8@125							
			12.550~49.120	24Φ12	Φ6@125							
		GJZ15	6.950~12.550	16Φ14	Φ8@125							
			12.550~49.120	16Φ12	Φ6@125							

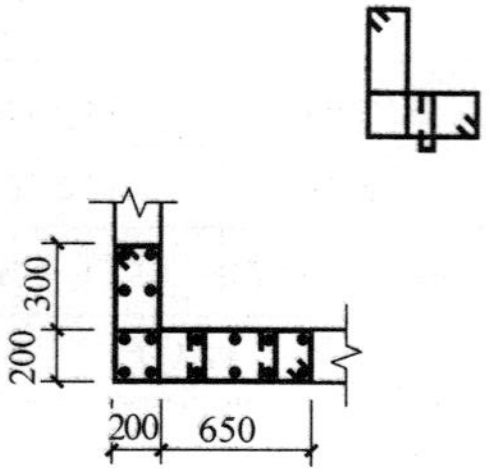

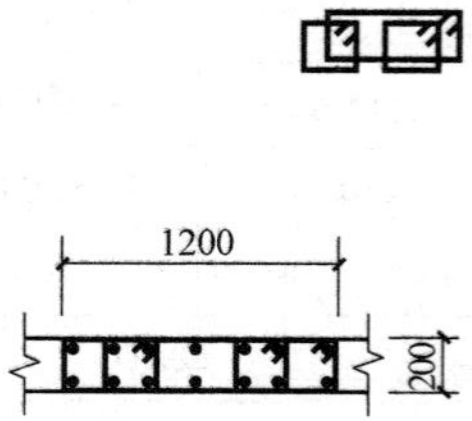

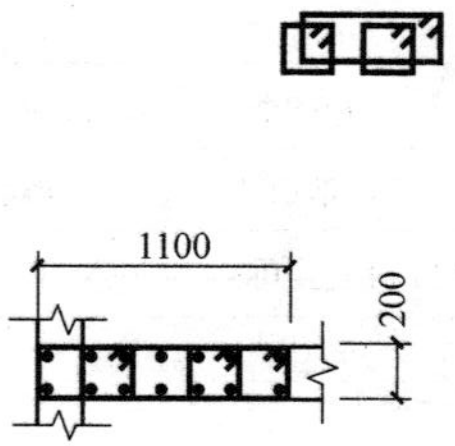

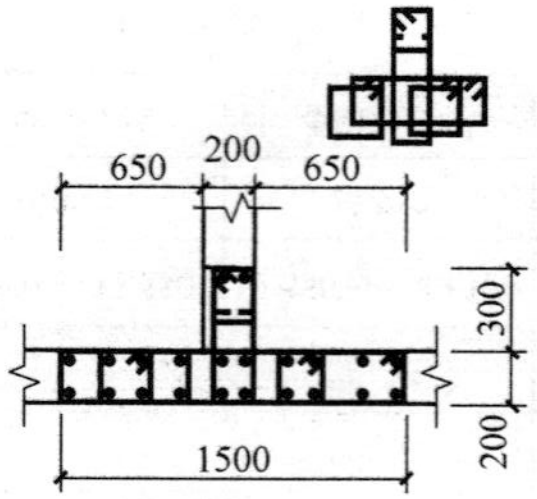

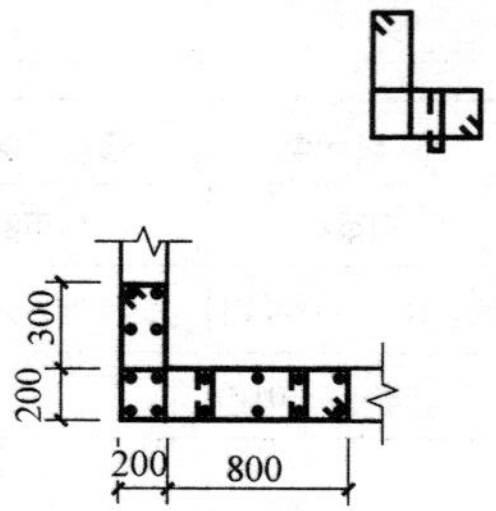

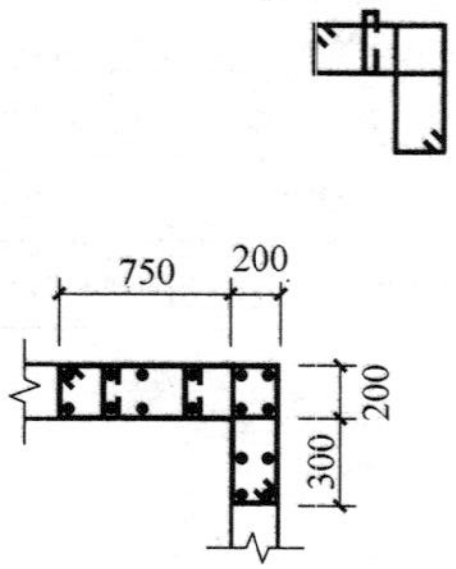

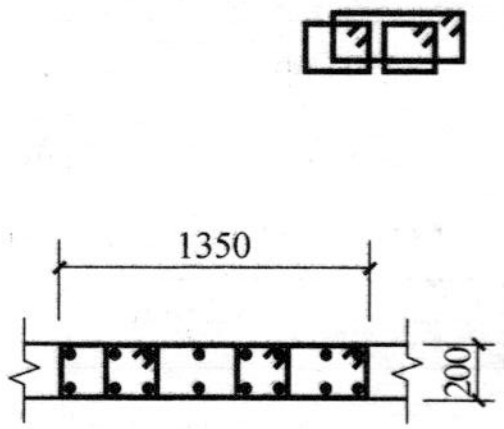

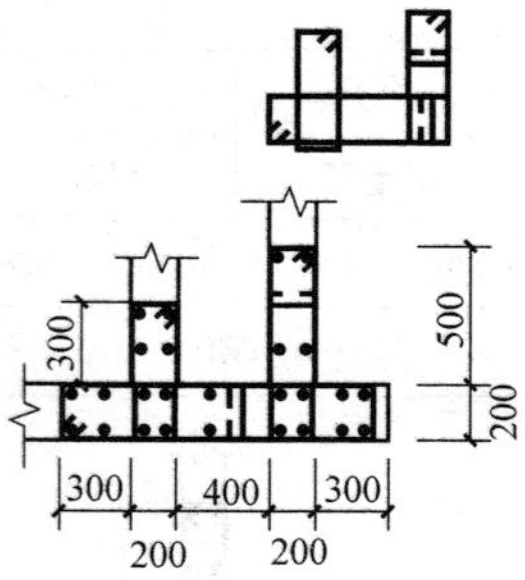

图 4-17 标准层剪力墙柱表（续）

表 4-10　剪力墙身表

墙号	水平分布钢筋	垂直分布钢筋	拉　筋	备　注
Q1	$\Phi12@250$	$\Phi12@250$	$\phi8@500$	3、4层
Q1	$\phi10@250$	$\phi10@250$	$\phi8@500$	5~16层

表 4-11　标准层墙柱平面布置图图纸说明

说明：
1. 剪力墙、框架柱除标注外，混凝土等级均为 C30
2. 钢筋采用 HPB235(ϕ)，HRB335(Φ)
3. 墙水平筋伸入暗柱
4. 剪力墙上留洞不得穿过暗柱
5. 本工程暗柱配筋采用平面整体表示法，(简称平法)，选自《03G101—1》，施工人员必须阅读图集说明，理解各种规定，严格按设计要求施工

表 4-12　标准层顶梁配筋平面图图纸说明

说明：
1. 混凝土等级 C30，钢筋采用 HPB235(ϕ)，HRB335(Φ)
2. 所有混凝土剪力墙上楼层板顶标高(建筑标高 − 0.05)处均设暗梁
3. 未注明墙均为 Q1，称轴线分中
4. 未注明主次梁相交处的次梁两侧各加设 3 根间距 50mm、直径同主梁箍筋直径的箍筋
5. 未注明处梁配筋及墙梁配筋见《03G101—1》，施工人员必须阅读图集说明，理解各种规定，严格按设计要求施工

对照建筑图和顶梁配筋平面图可知，在剪力墙的两端及洞口两侧按规范要求设置边缘构件（即暗柱、端柱、翼墙和转角墙），图中共18类边缘构件，其中构造边缘暗柱GAZ1共40根，构造边缘转角柱GJZ2、构造边缘翼柱GYZ9各3根，构造边缘转角柱GJZ3、构造边缘翼柱GYZ4各6根，构造边缘翼柱GYZ5、构造边缘转角柱GJZ8和GJZ11、构造边缘暗柱GAZ10和GAZ13、约束边缘暗柱YAZ12各4根，构造边缘翼柱GYZ6和GYZ15、构造边缘转角柱GJZ16和GJZ17、约束边缘暗柱YAZ18各1根，构造边缘翼柱GYZ7共2根，平面位置如图所示。查阅剪力墙柱表知各边缘构件的截面尺寸、配筋形式，6.950~12.550m（3、4层）和12.550~49.120m（5~16层）标高范围内的纵向钢筋和箍筋的数值。

因转换层以上两层（3、4层）剪力墙，抗震等级为三级，以上各层抗震等级为四级，根据《高层建筑混凝土结构技术规程》，并查阅平法标准构造详图知，墙体竖向钢筋在转换梁内锚固长度不小于 l_{aE}（31d）。墙柱、小墙肢的竖向钢筋与箍筋构造与框架柱相同，为保证同一截面内的钢筋接头面积百分率不大于50%，钢筋接头应错开，各层连接构造如图4-20所示，纵向钢筋的搭接长度为 $1.4l_{aE}$，其中3、4层（标高6.950~12.550m）纵向钢筋锚固长度为31d，5~16层（标高12.550m~49.120m）纵向钢筋锚固长度为30d。

从图4-18（见书后插页）、图4-19、表4-10、表4-12可以了解以下内容：

图4-18为标准层顶梁平法施工图，绘制比例为1:100。

轴线编号及其间距尺寸与建筑图、框支柱平面布置图一致。

阅读结构设计总说明或图纸说明知，剪力墙混凝土强度等级为C30。一、二层剪力墙及转换层以上两层剪力墙，抗震等级为三级，以上各层抗震等级为四级。

对照建筑图和顶梁配筋平面图可知，所有洞口的上方均设有连梁，图中共8种连梁，其中

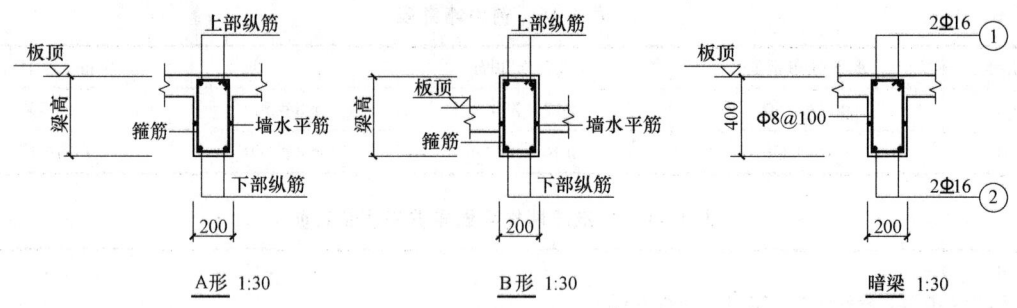

图 4-19 连梁类型和连梁表

连梁表

梁号	类型	上部纵筋	下部纵筋	梁箍筋	梁宽	跨度	梁高	梁底标高（相对本层顶板结构标高，下沉为正）
LL-1	B	2Φ25	2Φ25	Φ8@100	200	1500	1400	450
LL-2	A	2Φ18	2Φ18	Φ8@100	200	900	450	450
LL-3	B	2Φ25	2Φ25	Φ8@100	200	1200	1300	1800
LL-4	B	4Φ20	4Φ20	Φ8@100	200	800	1800	0
LL-5	A	2Φ18	2Φ18	Φ8@100	200	900	750	750
LL-6	A	2Φ18	2Φ18	Φ8@100	200	1100	580	580
LL-7	A	2Φ18	2Φ18	Φ8@100	200	900	750	750
LL-8	B	2Φ25	2Φ25	Φ8@100	200	900	1800	1350

LL-1 和 LL-8 各 1 根，LL-2 和 LL-5 各 2 根，LL-3、LL-6 和 LL-7 各 3 根，LL-4 共 6 根，平面位置如图 4-18 所示。查阅连梁表知，各个编号连梁的梁底标高、截面宽度和高度、连梁跨度、上部纵向钢筋、下部纵向钢筋及箍筋。从图 4-19 知，连梁的侧面构造钢筋即为剪力墙配置的水平分布筋，其在 3、4 层为直径 12mm、间距 250mm 的 Ⅱ 级钢筋，在 5～16 层为直径 10mm、间距 250mm 的 Ⅰ 级钢筋。

查阅平法标准构造详图知，连梁纵向钢筋伸入剪力墙内的锚固要求和箍筋构造如图 4-21 所示。因转换层以上两层（3、4 层）剪力墙，抗震等级为三级，以上各层抗震等级为四级，知 3、4 层（标高 6.950～12.550m）纵向钢筋锚固长度为 $31d$，5～16 层（标高 12.550～49.120m）纵向钢筋锚固

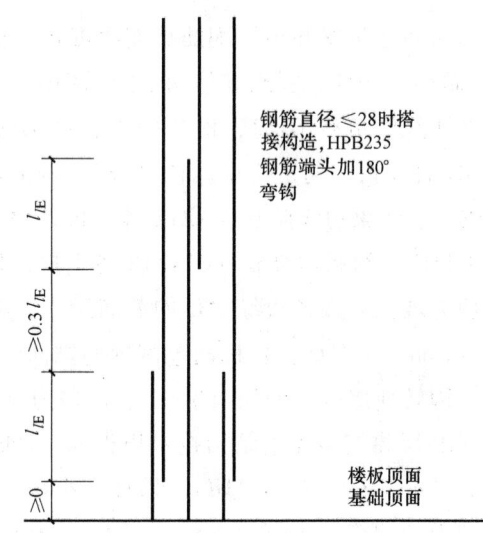

图 4-20 构造边缘构件纵向钢筋连接构造

长度为 $30d$。顶层洞口连梁纵向钢筋伸入墙内的长度范围内，应设置间距为 150mm 的箍筋，箍筋直径与连梁跨内箍筋直径相同。

图中剪力墙身的编号只有一种，平面位置如图 4-18 所示，墙厚 200mm。查阅剪力墙身表知，剪力墙水平分布钢筋和垂直分布钢筋均相同，在 3、4 层直径为 12mm、间距为 250mm 的 Ⅱ 级钢筋，在 5～16 层直径为 10mm、间距为 250mm 的 Ⅰ 级钢筋。拉筋直径为 8mm 的 Ⅰ 级钢筋，间距为 500mm。

查阅平法标准构造详图知，剪力墙身水平分布筋的锚固和搭接构造如图 4-22 所示，剪力

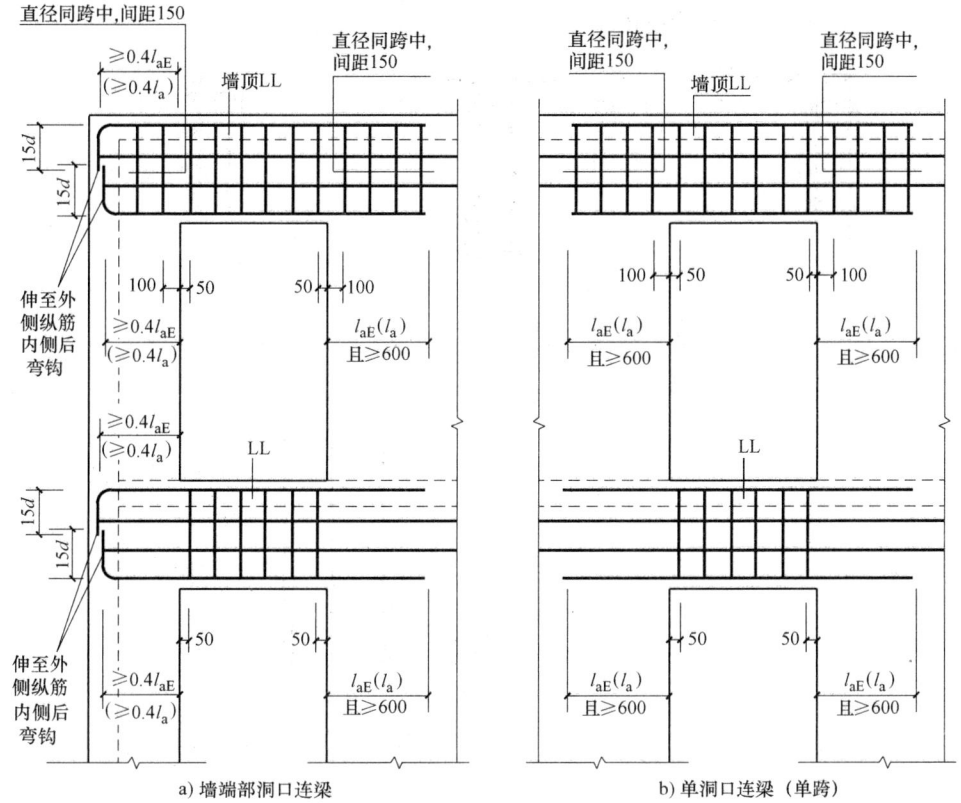

图 4-21 连梁配筋构造

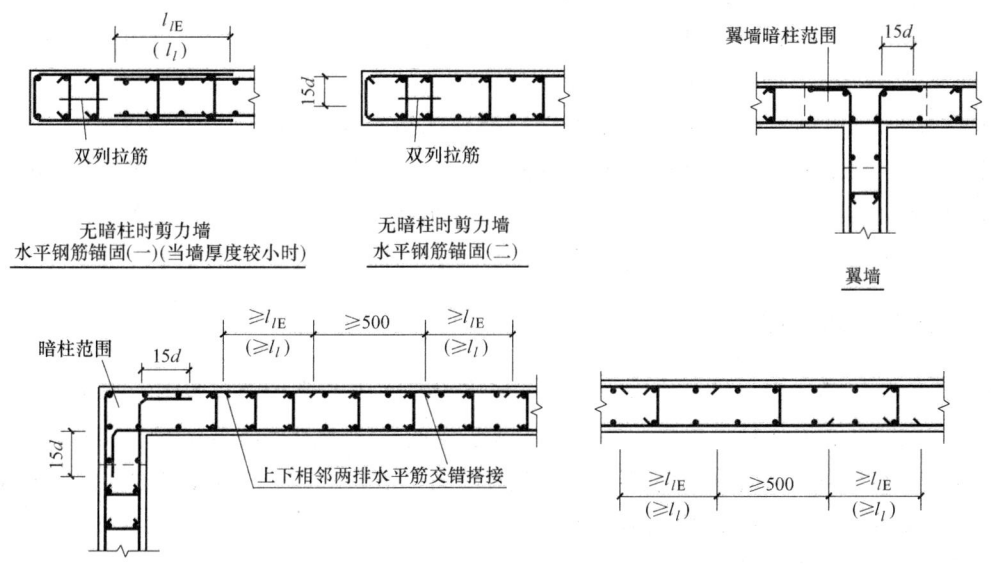

图 4-22 剪力墙身水平钢筋构造

墙身竖向分布筋的顶层锚固、搭接和拉筋构造如图 4-23 所示。因转换层以上两层（3、4 层）剪力墙，抗震等级为三级，以上各层抗震等级为四级，知 3、4 层（标高 6.950~12.550m）墙身竖向钢筋在转换梁内的锚固长度不小于 l_{aE}，水平分布筋锚固长度 l_{aE} 为 $31d$，5~16 层（标

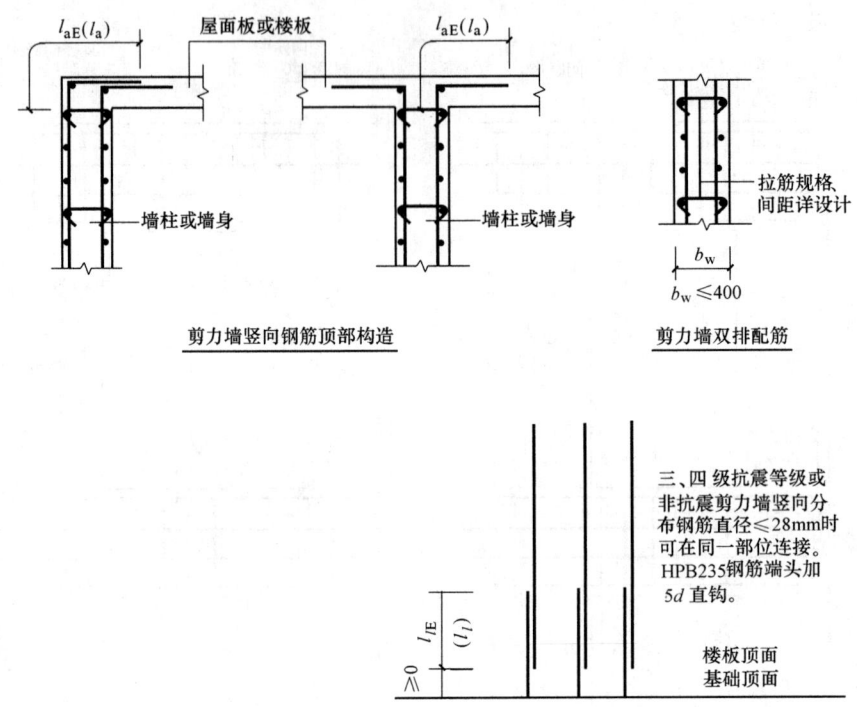

图 4-23 剪力墙身竖向钢筋构造

高 12.550~49.120m）水平分布筋锚固长度 l_{aE} 为 $24d$，各层搭接长度为 $1.4l_{aE}$；3、4 层（标高 6.950~12.550m）水平分布筋锚固长度 l_{aE} 为 $31d$，5~16 层（标高 12.550~49.120m）水平分布筋锚固长度 l_{aE} 为 $24d$，各层搭接长度为 $1.6l_{aE}$。

根据图纸说明，所有混凝土剪力墙上楼层板顶标高处均设暗梁，梁高 400mm，上部纵向钢筋和下部纵向钢筋同为 2 根直径 16mm 的 Ⅱ 级钢筋，箍筋直径为 8mm、间距为 100mm 的 Ⅰ 级钢筋，梁侧面构造钢筋即为剪力墙配置的水平分布筋，在 3、4 层设直径为 12mm、间距为 250mm 的 Ⅱ 级钢筋，在 5~16 层设直径为 10mm、间距为 250mm 的 Ⅰ 级钢筋。

五、梁平法施工图

假想沿着每层楼板面将建筑物水平剖开，向下投影而成的梁平面布置图，图中包括全部梁和与其相关联的柱、墙、板。梁平法施工图，是在梁的平法施工平面布置图上采用平面注写方式或截面注写方式表达梁的偏心定位尺寸（仅对轴线未居中的梁）、截面尺寸、配筋和梁顶面标高高差（仅用于有高差时）的具体数值。

1. 梁平法施工图的主要内容

梁平法施工图的主要内容包括：

(1) 图名和比例。梁平法施工图的比例应与建筑平面图的相同。

(2) 定位轴线、编号和间距尺寸。

(3) 梁的编号、平面布置。

(4) 每一种编号梁的截面尺寸、配筋情况和标高。

(5) 必要的设计详图和说明。

梁平法施工图中，梁的编号方法与其他构件不同，除包括梁的类型代号、序号外，还应说明跨数和有无悬挑。跨数和有无悬挑的表示方法为（××）、（××A）、（××B），分别表示××跨而无悬挑、××跨且一端有悬挑、××跨且两端有悬挑。如 KL3（5A）表示第 3 号框架梁，5 跨，一端有悬挑。

在梁平面布置图上用平法表达梁的截面尺寸、配筋情况和标高时，有两种方式：平面注写方式和截面注写方式。

平面注写方式，是在梁平面布置图上，分别在每一种编号的梁中选择一根，在其上注写截面尺寸和配筋的具体数值来表达梁平法施工图。

按照（03G1010—1）《混凝土结构施工图平面整体表示方法制图规则和构造详图》，梁的平面注写包括集中标注和原位标注。集中标注表达梁的通用数值，原位标注表达梁的特殊数值。当在梁的某一部位存在原位标注（如注写纵向钢筋、截面尺寸等）时，原位标注取值优先，集中标注不再适用。

梁的集中标注可以从梁的任意一跨引出，内容依次为梁的编号、截面尺寸、箍筋、上部通长筋或架立筋、侧面纵向构造钢筋或受扭钢筋、梁顶面标高高差，其中前五项为必注值，后一项为选注值，仅用于梁相对于结构层楼面有高差时，而且梁较高时为正值，反之为负。标注梁的截面尺寸时，当为等截面梁时，用 $b×h$ 表示；当有悬挑梁且根部和端部的高度不同时，用斜线分隔根部与端部的高度值，即为 $b×h_1/h_2$。梁的箍筋标注包括钢筋的级别、直径、加密区与非加密区的间距及肢数，其中肢数注写在括号内，如箍筋加密区与非加密区的间距或肢数不同，需用斜线分隔；当加密区与非加密区的箍筋肢数相同时，肢数只注写一次。例如

Φ10@100/200（4），表示箍筋为Ⅰ级钢筋，直径为 10mm，加密区间距为 100mm；非加密区间距为 200mm，均为四肢箍。

Φ8@100（4）/150（2），表示箍筋为Ⅰ级钢筋，直径为 8mm，加密区间距为 100mm，四肢箍；非加密区间距为 150mm，两肢箍。

对于抗震结构中的非框架梁、悬挑梁、井字梁以及非抗震结构中的各类梁箍筋，当间距或肢数不同时，也用斜线分隔，其前面注写梁支座端部箍筋的箍数、钢筋级别、直径、间距和肢数，斜线后注写梁跨中部分的箍筋间距及肢数。例如：

15Φ10@150/200（4），表示箍筋为Ⅰ级钢筋，直径为 10mm，梁的端部各有 15 个四肢箍，间距为 150mm；梁跨中部分间距为 200mm，四肢箍。

标注梁上部通长筋或架立筋时，当同排纵向钢筋中既有通长筋又有架立筋时，通长筋和架立筋用加号"+"相联，而且注写时角部钢筋写在加号的前面，架立筋写在加号后面的括号内。当全部采用架立筋时，其全部写在括号内。当梁的上部纵向钢筋和下部纵向钢筋均为通长筋，且多数跨配筋相同时，此项可加注下部纵向钢筋的配筋值，用分号"；"将上部与下部纵向钢筋的配筋值分隔开，对少数跨的不同配筋采用原位标注注写。例如：

2Φ22+（4Φ12），表示上部通长筋为 2 根直径为 22mm 的Ⅱ级钢筋（2Φ22），架立筋为 4 根直径为 12mm 的Ⅰ级钢筋（4Φ12）。

3Φ25；3Φ20，表示梁的上部配置 3 根直径为 25mm 的Ⅱ级钢筋（3Φ25），作为通长筋，下部配置 3 根直径为 20mm 的Ⅱ级钢筋（3Φ20），作为通长筋。

当梁侧面配置纵向构造钢筋或受扭钢筋时,必须加以标注。按照(GB 50010—2002)《混凝土结构设计规范》规定,当梁腹板高度 $h_w \geq 450mm$ 时,须在梁的两个侧面沿高度配置纵向钢筋,每侧纵向构造钢筋的截面面积不应小于腹板截面面积(bh_w)的 0.1%,且间距不宜大于 200mm。注写纵向构造钢筋时,以大写字母 G 开头,其后注写设置在梁两个侧面的总配筋值,施工时须两侧面对称配置。注写受扭纵向钢筋时,以大写字母 N 开头,其后注写设置在梁两个侧面的总配筋值,施工时同样须两侧面对称配置。

梁的集中标注如:

KL7(3)300×700,表示框架梁 KL7,为三跨连续梁,无悬挑;截面为 300mm×700mm;

Φ10@100/200(2)2Φ25,表示箍筋为Ⅰ级钢筋,直径为 10mm,加密区间距为 100mm,非加密区间距为 200mm,均为两肢箍;上部通长筋配置 2 根直径 25mm 的Ⅱ级钢筋;

N4Φ18,表示梁的两侧各配置 2 根直径为 18mm 的Ⅱ级钢筋作为纵向构造钢筋,共 4 根纵向钢筋;

(-0.100),表示梁的顶面标高比结构层的楼面低 0.100m。

梁的原位标注直接在图中梁的上、下的相应部位注写梁的上、下所有纵向钢筋。当纵向钢筋多于一排时,用斜线"/"将各排纵向钢筋自上而下分开。当同排纵向钢筋有两种直径时,两种直径的纵向钢筋用加号"+"相连,角部纵向钢筋注写在加号的前面。当梁中间支座两边的上部纵向钢筋相同时,可仅在支座的一边标注配筋值,另一边省去不注,否则需在支座两边分别标注。当梁下部纵向钢筋不全伸入支座时,梁下部纵向钢筋减少的数量写在括号内。例如:

梁下部纵向钢筋注写为 6Φ25 4/2,表示梁下部纵向钢筋共配置 6 根直径为 25mm 的Ⅱ级钢筋,分上下两排,上一排为 2 根,下一排为 4 根,均为全部伸入支座。

梁下部纵向钢筋注写为 6Φ28 2(-2)/4,表示梁下部纵向钢筋共配置 6 根直径为 28mm 的Ⅱ级钢筋,分上下两排,上一排为 2 根,不伸入支座;下一排为 4 根,全部伸入支座。

梁下部纵向钢筋注写为 2Φ25+3Φ22(-3)/5Φ25,表示梁下部纵向钢筋共配置 10 根Ⅱ级钢筋,分上下两排,上一排为 2 根直径为 25mm 和 3 根直径为 22mm 的Ⅱ级钢筋,其中 2Φ25 伸入支座,3Φ22 不伸入支座;下一排为 5 根直径为 25mm 的纵向钢筋,全部伸入支座。

当梁的集中标注中已注写了梁上部和下部均为通长的纵向钢筋值时,则不需要在梁下部重复做原位标注。

梁的平面注写示例如图 4-24 所示。

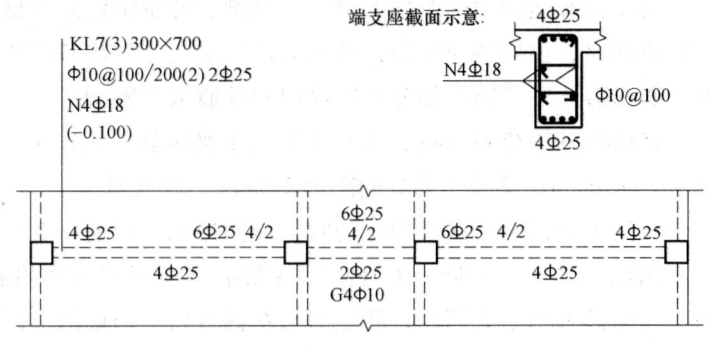

图 4-24 梁的平面注写示例

对于主次梁交汇处的附加箍筋或吊筋,直接将其画在平面图中的主梁上,然后用线引出注写总配筋值(附加箍筋的肢数注写在括号内)。如多数附加箍筋或吊筋相同时,可在梁平法施工图中统一注明,少数与统一注明值不同者,可在原位标注,如图 4-25 所示。

截面注写方式,是在分层绘制的梁平面布置图上,分别在每一编号的梁中选择一根梁用剖

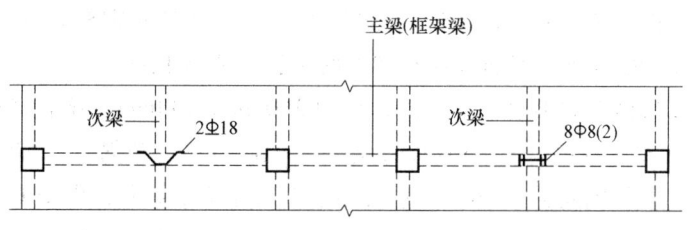

图 4-25 梁的平面注写示例

面号引出配筋图，在截面配筋详图上注写截面尺寸、上部筋、下部筋、侧面构造筋或受扭筋、以及箍筋的具体数值。

截面注写方式可以单独使用，也可与平面注写方式结合使用。

2. 梁平法施工图识读步骤

梁平法施工图识读可按如下步骤：

（1）查看图名、比例。

（2）校核轴线编号及其间距尺寸，要求必须与建筑图、剪力墙施工图、柱施工图保持一致。

（3）与建筑图配合，明确梁的编号、数量和布置。

（4）阅读结构设计总说明或有关说明，明确梁的混凝土强度等级及其他要求。

（5）根据梁的编号，查阅图中平面标注或截面标注，明确梁的截面尺寸、配筋和标高。再根据抗震等级、设计要求和标准构造详图确定纵向钢筋、箍筋和吊筋的构造要求（如纵向钢筋的锚固长度、切断位置、弯折要求和连接方式、搭接长度；箍筋加密区的范围；附加箍筋、吊筋的构造等）。

（6）其他有关的要求。

需要强调的是，应注意主、次梁交汇处钢筋的高低位置要求。

3. 梁平法施工图实例

图 4-18、表 4-12 即为梁平法施工图和图纸说明，其部分连梁采用平面注写方式。从中我们可以了解以下内容：

图名为标准层顶梁配筋平面图，比例为 1:100。

轴线编号及其间距尺寸与建筑图、标准层墙柱平面布置图一致。

梁的编号从 LL1 至 LL26（其中 LL12、LL13 和 LL18 在 2 号楼图中），标高参照各层楼面，数量每种 1~4 根，每根梁的平面位置如图 4-18。

由图纸说明知，梁的混凝土强度为 C30。

以 LL1、LL3、LL14 为例说明如下：

LL1（1）位于①轴线和㉕轴线上，1 跨；截面 200mm×450mm；箍筋为直径 8mm 的Ⅰ级钢筋，间距为 100mm，双肢箍；上部 2Φ16 通长钢筋，下部 2Φ16 通长钢筋。梁高≥450mm，需配置侧向构造钢筋，侧面构造钢筋应为剪力墙配置的水平分布筋，其在 3、4 层直径为 12mm、间距为 250mm 的Ⅱ级钢筋，在 5~16 层为直径 10mm、间距为 250mm 的Ⅰ级钢筋。因转换层以上两层（3、4 层）剪力墙，抗震等级为三级，以上各层抗震等级为四级，知 3、4 层（标高 6.950~12.550m）纵向钢筋伸入墙内的锚固长度 l_{aE} 为 $31d$，5~16 层（标高 12.550m~

49.120m)纵向钢筋的锚固长度l_{aE}为30d。如为顶层,连梁纵向钢筋伸入墙内的长度范围内,应设置间距为150mm的箍筋,箍筋直径与连梁跨内箍筋直径相同。

LL3(1) 位于②轴线和㉔轴线上,1跨;截面200mm×400mm;箍筋直径为8mm的Ⅰ级钢筋,间距为200mm,双肢箍;上部2Φ16通长钢筋,下部2Φ22(角筋)+1Φ20通长钢筋;梁两端原位标注显示,端部上部钢筋为3Φ16,要求有一根钢筋在跨中截断,由于LL3两端以梁为支座,按非框架梁构造要求截断钢筋,构造要求如图4-26所示,其中纵向钢筋锚固长度l_{aE}为30d。

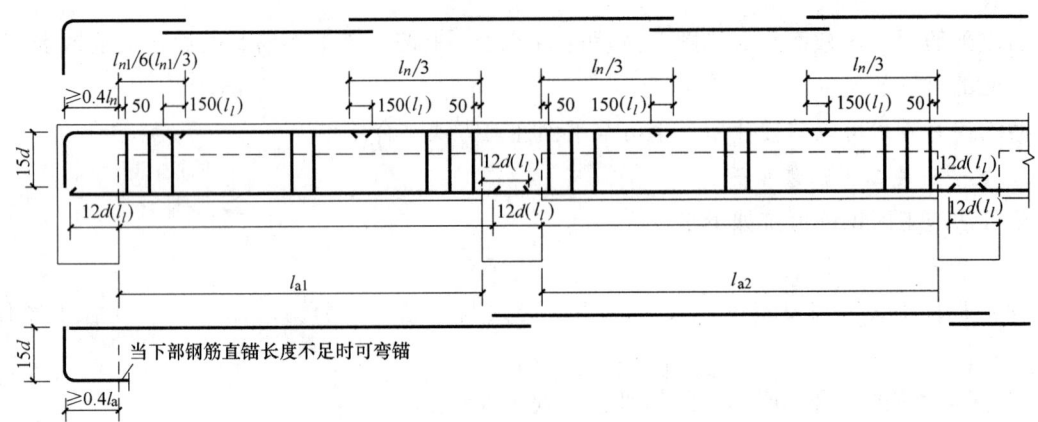

图4-26 梁配筋构造

LL14(1) 位于Ⓑ轴线上,1跨;截面200mm×450mm;箍筋为直径8mm的Ⅰ级钢筋,加密区间距为100mm,非加密区间距为150mm,双肢箍,连梁沿梁全长箍筋的构造要求按框架梁梁端加密区箍筋构造要求采用,构造如图4-27所示,图中h_b为梁截面高度;上部2Φ20通长钢筋,下部3Φ22通长钢筋;梁两端原位标注显示,端部上部钢筋为3Φ20,要求有一根钢筋在跨中截断,参考框架梁钢筋截断要求,其中一根钢筋在距梁端1/4静跨处截断。梁高≥450mm,需配置侧向构造钢筋,侧面构造钢筋应为剪力墙上配置水平分布筋,其在3、4层直径为12mm、间距为250mm的Ⅱ级钢筋,在5~16层直径为10mm、间距为250mm的Ⅰ级钢筋。因转换层以上两层(3、4层)剪力墙,抗震等级为三级,以上各层抗震等级为四级,知3、4层(标高6.950~12.550m)纵向钢筋伸入墙内的锚固长度l_{aE}为31d,5~16层(标高12.550~49.120m)纵向钢筋的锚固长度l_{aE}为30d。如为顶层,连梁纵向钢筋伸入墙内的长度范围内,应设置间距为150mm的箍筋,箍筋直径与连梁跨内箍筋直径相同。

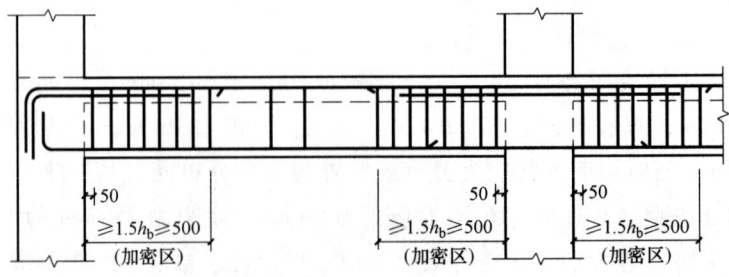

图4-27 梁箍筋构造

此外，图中梁纵、横交汇处设置附加箍筋，如 LL3 与 LL14 交汇处，在 LL14 上设置附加箍筋 6 根直径为 16mm 的Ⅰ级钢筋，双肢箍。根据平法标准构造图集，附加箍筋构造要求如图 4-28 所示。

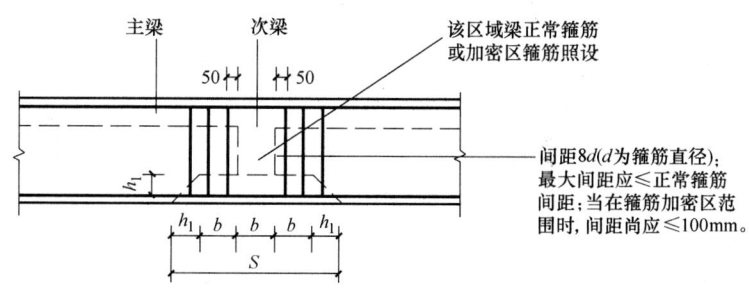

图 4-28　附加箍筋构造

需要注意的是，主、次梁交汇处上部钢筋主梁在上，次梁在下。

六、现浇板施工图

假想沿着每层楼板面将建筑物水平剖开，向下投影而成的水平剖面图，图中包括所有与其相关联的柱、墙、梁。

1. 现浇板施工图主要内容

现浇板施工图的主要内容包括：

(1) 图名和比例。

(2) 定位轴线及其编号应与建筑平面图一致。

(3) 现浇板的厚度和标高。

(4) 现浇板的配筋情况。

(5) 必要的设计详图和说明。

2. 现浇板施工图识读步骤

现浇板施工图的识读可按如下步骤：

(1) 查看图名、比例。

(2) 校核轴线编号及其间距尺寸，要求必须与建筑图、梁平法施工图保持一致。

(3) 阅读结构设计总说明或图纸说明，明确现浇板的混凝土强度等级及其他要求。

(4) 明确现浇板的厚度和标高。

(5) 明确现浇板的配筋情况，并参阅说明，了解未标注的分布钢筋情况等。

识读现浇板施工图时，应注意现浇板钢筋的弯钩方向，以便确定钢筋是在板的底部还是顶部。

需要特别强调的是，应分清板中纵横方向钢筋的位置关系。对于四边整浇的混凝土矩形板，由于力沿短边方向传递的多，下部钢筋一般是短边方向钢筋在下，长边方向钢筋在上，而下部钢筋正好相反。

3. 现浇板施工图实例

图 4-29 为××工程现浇板施工图，标高参见建筑图，设计说明见表 4-13。从中我们可以了解以下内容：

图 4-29 图号为××工程标准层顶板配筋平面图，绘制比例为 1:100。

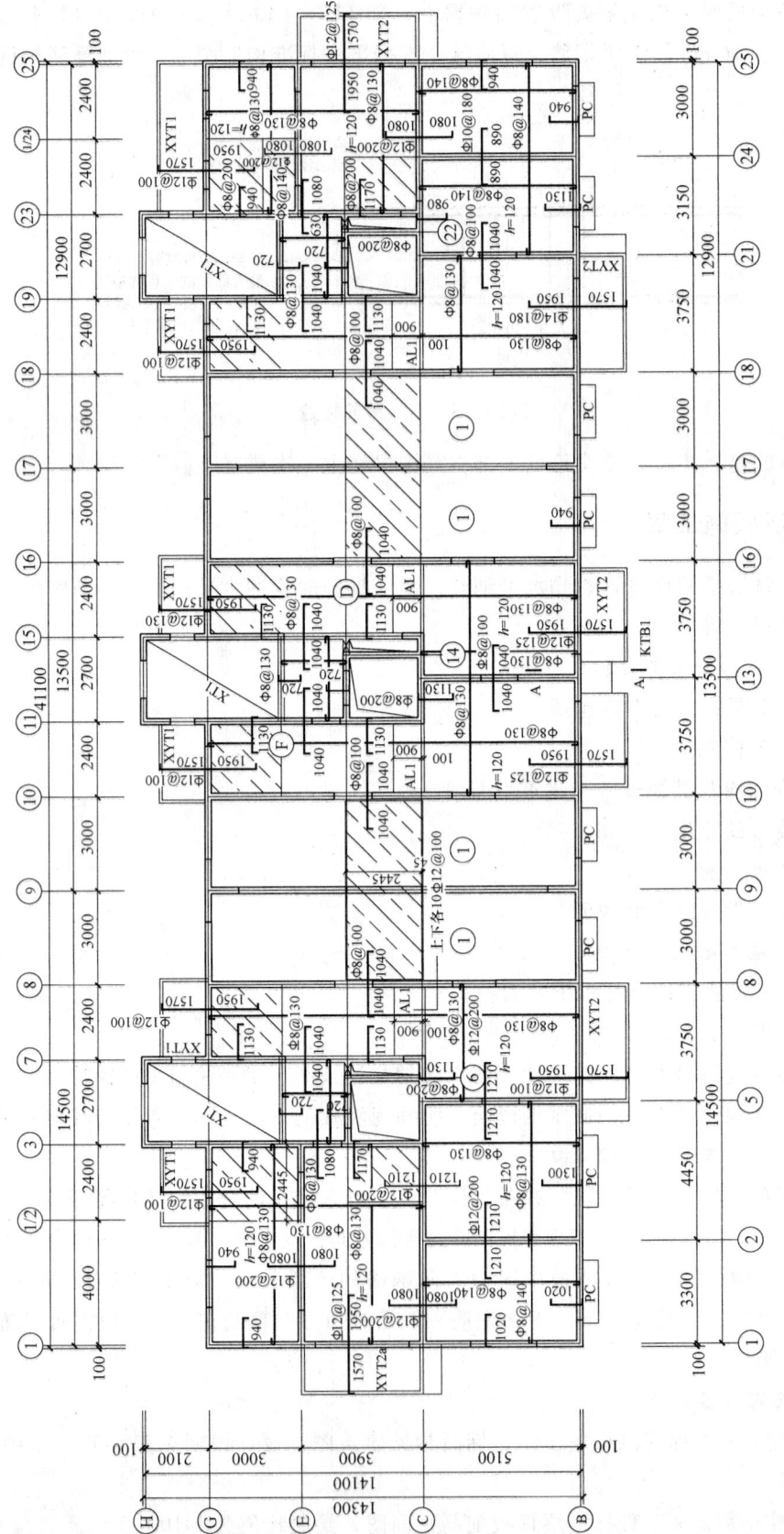

图 4-29 标准层顶板配筋平面图

表 4-13　标准层顶板配筋平面图设计说明

说明：
1. 混凝土等级 C30，钢筋采用 HPB235(Φ)，HRB335(Φ)
2. ▨ 所示范围为厨房或卫生间顶板，板顶标高为建筑标高 -0.080m，其他部位板顶标高为建筑标高 -0.050m，降板钢筋构造见标准图集(04G101—4)
3. 未注明板厚均为 110mm
4. 未注明钢筋的规格均为 Φ8@140

轴线编号及其间距尺寸，与建筑图、梁平法施工图一致。

根据图纸说明知，板的混凝土强度等级为 C30。

板厚度有 110mm 和 120mm 两种，具体位置和标高见图。

以左下角房间为例，说明配筋：

下部：下部钢筋弯钩向上或向左，受力钢筋为 Φ8@140（直径为 8mm 的Ⅰ级钢筋，间距为 140mm）沿房屋纵向布置，横向布置钢筋同样为 Φ8@140，纵向（房间短向）钢筋在下，横向（房间长向）钢筋在上。

上部：上部钢筋弯钩向下或向右，与墙相交处有上部构造钢筋，①轴处沿房屋纵向设 Φ8@140（未注明，根据图纸说明配置），伸出墙外 1020mm；②轴处沿房屋纵向设 Φ12@200，伸出墙外 1210mm；Ⓑ轴处沿房屋横向设 Φ8@140，伸出墙外 1020mm；Ⓒ轴处沿房屋横向设 Φ12@200，伸出墙外 1080mm。上部钢筋作直钩顶在板底。

根据《混凝土结构施工图平面整体表示方法制图规则和构造详图》（04G101—4），有梁楼盖现浇板的钢筋锚固和降板钢筋构造如图 4-30、图 4-31 和图 4-32，其中Ⅰ级钢筋末端作 180° 弯钩，在 C30 混凝土中Ⅰ级钢筋和Ⅱ级钢筋的锚固长度 l_a 分别为 $24d$ 和 $30d$。

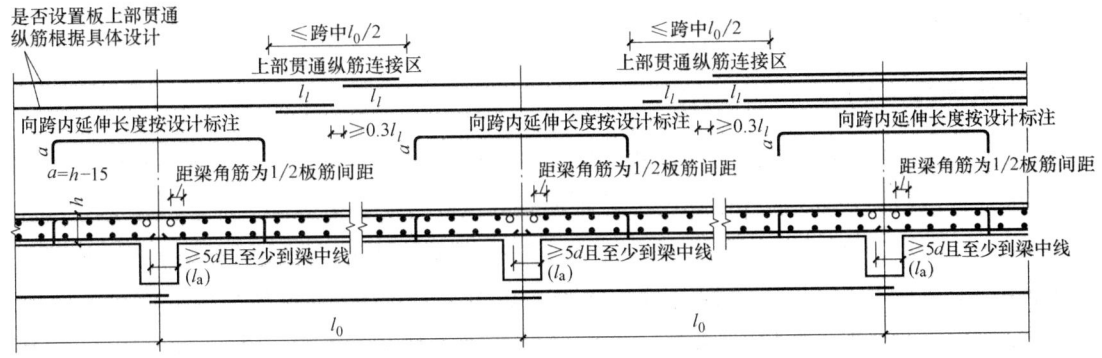

图 4-30　有梁楼盖现浇板钢筋构造

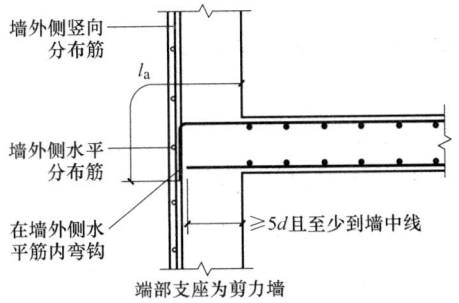

图 4-31　板在端部支座的锚固构造

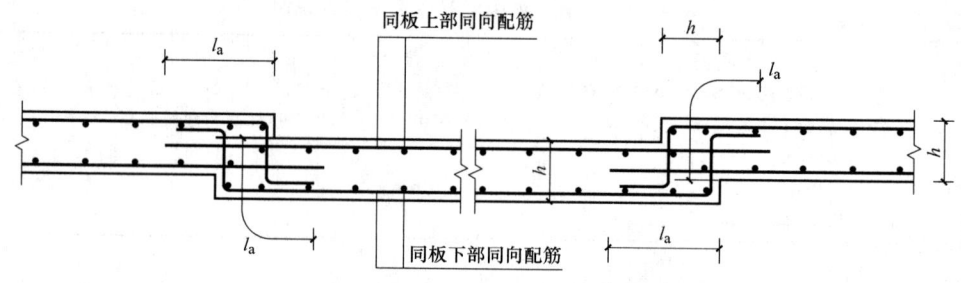

图 4-32 局部升降板构造

第五节 楼梯施工图

一、楼梯的结构类型

楼梯结构类型主要是板式楼梯和梁式楼梯，它们属于平面结构体系。

板式楼梯由梯板（或称梯段板）、平台板和梯梁（或称平台梁）组成。梯板是一块带有踏步的斜板，两端分别支承在上、下平台梁上。有时，板式楼梯也可不设梯梁或将梯梁内移，这时的梯板为折板。板式楼梯一般用于可变荷载和梯段跨度较小的情况。

梁式楼梯由踏步板、梯段斜梁、平台板和梯梁组成。踏步板支承在两边的斜梁（双梁式）或中间一根斜梁（单梁式）上，斜梁再支承在梯梁上，斜梁可设在踏步下面或上面，也可以用现浇栏板代替斜梁。当梯段跨度大于 3~3.3m 时，梁式楼梯较经济。

这里仅就常见板式楼梯进行说明。

二、楼梯施工图

楼梯施工图一般也采用平法表达形式，即把结构构件的尺寸和配筋等，按照平面整体表示方法制图规则，整体直接表达在楼梯的平面布置图上，再与标准构造详图配合，构成完整的楼梯施工图。在（03G101—2）《混凝土结构施工图平面整体表示方法制图规则和构造详图》（现浇混凝土板式楼梯）（以下简称《板式楼梯平法图集》）中，根据梯板的截面形状，将常用的板式楼梯分成两组，共 11 种类型。第一组板式楼梯有 5 种类型，为 AT、BT、CT、DT、ET 型，其特点是梯板的两端（低端和高端）分别以梯梁为支座，楼梯间内部设置楼层梯梁和层间梯梁（ET 型无层间梯梁）、楼层平台板和层间平台板；第二组板式楼梯有 6 种类型，为 FT、GT、HT、JT、KT、LT 型，其特点是梯板至少有一端不是以梯梁为支座，一般不设层间梯梁。第一组板式楼梯最为常用。

梯板的主体是踏步段，除踏步段外，梯板还可包括低端平板、高端平板和中位平板。第一组板式楼梯的组成为：AT 型梯板全部由踏步段构成，如图 4-33a 所示；BT 型梯板由低端平板和踏步段构成，如图 4-33b 所示；CT 型梯板由踏步段和高端平板构成，如图 4-33c 所示；DT 型梯板由低端平板、踏步段和高端平板构成，如图 4-33d 所示；ET 型梯板由低端踏步段、中位平板和高端踏步段构成，如图 4-33e 所示。

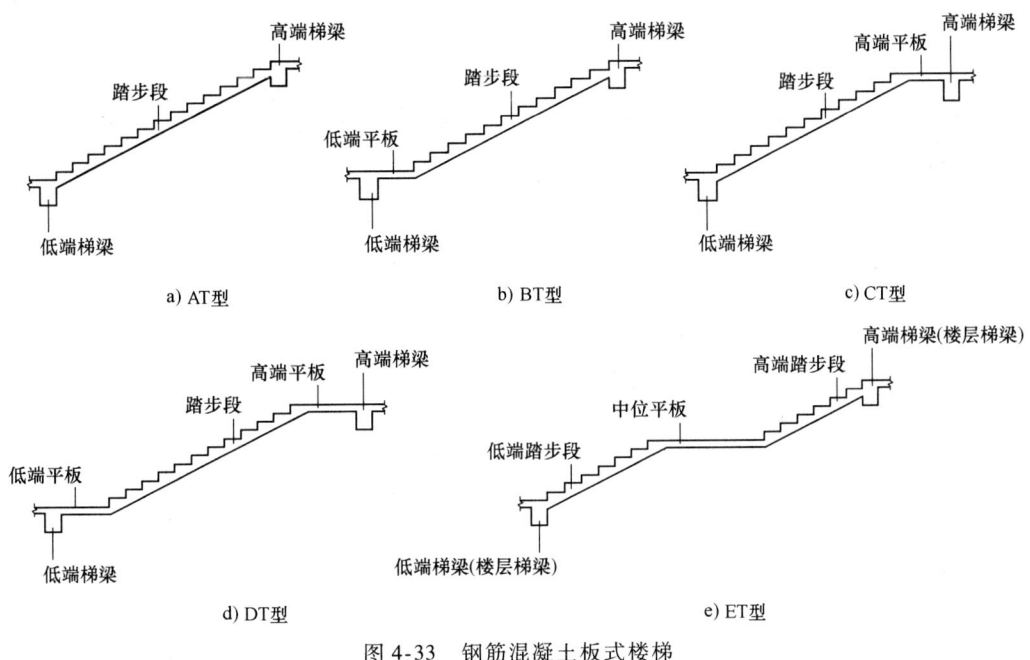

图 4-33 钢筋混凝土板式楼梯

楼梯施工图要求给出楼梯各构件的位置、尺寸、材料和配筋等,一般由楼梯平面图(或称楼梯配筋图)、楼梯竖向布置简图(或称楼梯剖面图)、标准构造详图和图纸说明等组成。

楼梯平面图为水平剖面图,用于表示楼梯间各构件的平面布置、类型、几何尺寸和配筋等。楼梯平面图注写的内容包括外围注写、集中注写和原位注写。外围注写表达梯板的平面几何尺寸以及楼梯间的平面尺寸;梯板的集中注写表达的内容有4项:第1项为梯板类型代号和序号,第2项为梯板厚度h,第3项为踏步段总高度$H_s = h_s \times (m+1)$(式中h_s为踏步高,$m+1$为踏步数目),第4项为梯板配筋;楼层和层间平台板的集中注写表达的内容也有4项,第1项为平台板代号与序号PTB××,第2项为平台板厚度h,第3项为平台板下部短跨方向配筋(S配筋),第4项为平台板下部长跨方向配筋(L配筋),其中S配筋与L配筋用斜线分隔;在平台板内四周采用原位注写表达构造配筋与其伸入板内的长度。梯板和平台板的分布钢筋可以注写在图名的下方,也可在图纸说明中注写。梯梁纵向钢筋多采用通长配筋,可以采用平面注写方式或绘制截面方式表示。AT~ET型楼梯的楼梯平面图表示内容如图4-34所示。

楼梯竖向布置简图用于说明构件的竖向布置、类型、标高和跨度等。在楼梯竖向布置简图上应标注各跑梯板类型代号和序号、楼层平台板代号和序号、层间平台板代号和序号、楼层结构标高和层间结构标高等。

标准构造详图用于说明钢筋的切断、弯折、锚固位置等构造要求。《板式楼梯平法图集》中给出的AT~ET型楼梯钢筋构造如图4-35所示。

楼梯施工图中图纸说明用于说明所选用平法标准图的图集号、楼梯所采用的混凝土强度等级和钢筋级别、混凝土保护层厚度、通用配筋、对标准构造详图的变更说明、对工程的特殊要求等。

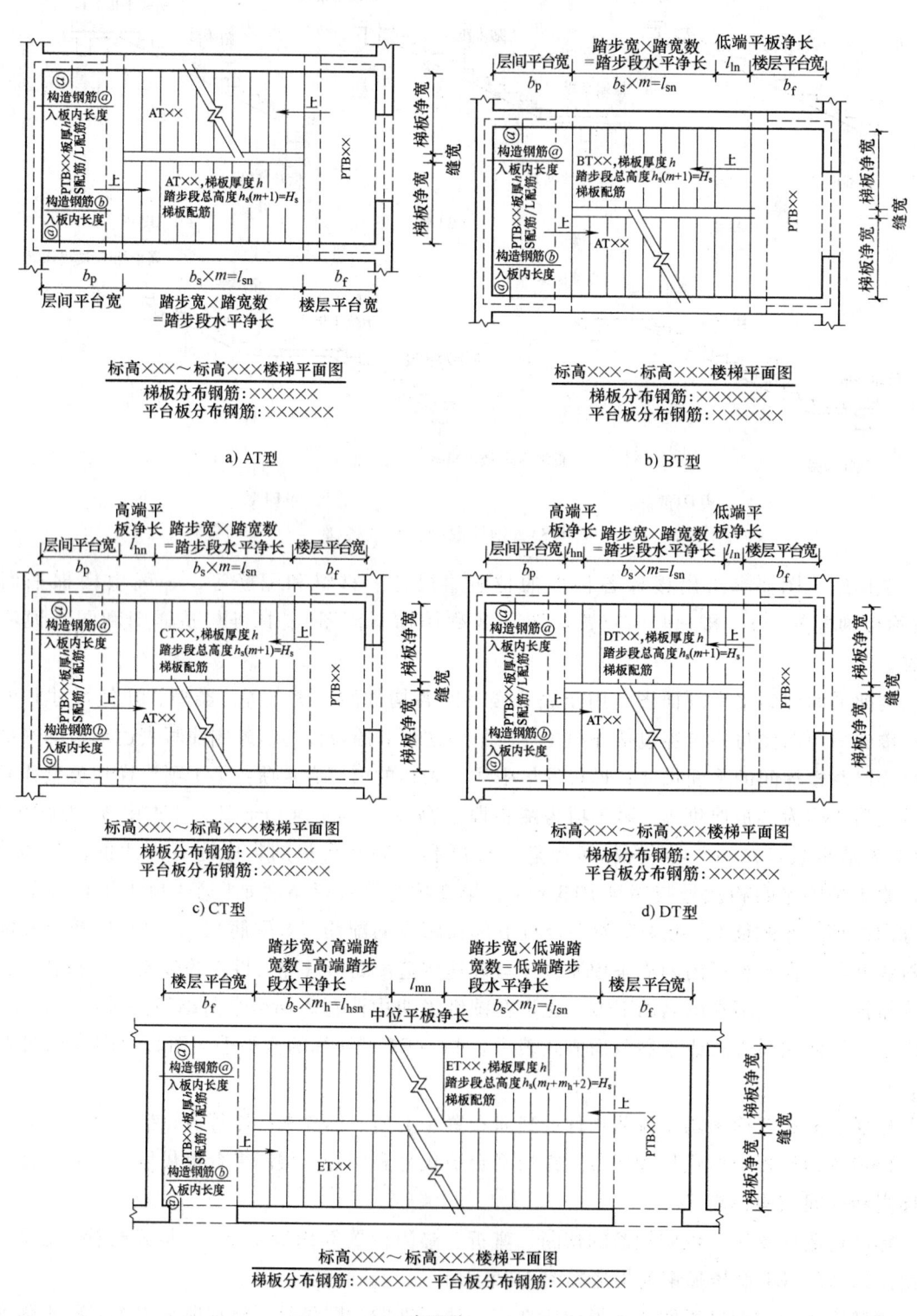

图 4-34 钢筋混凝土板式楼梯平面图

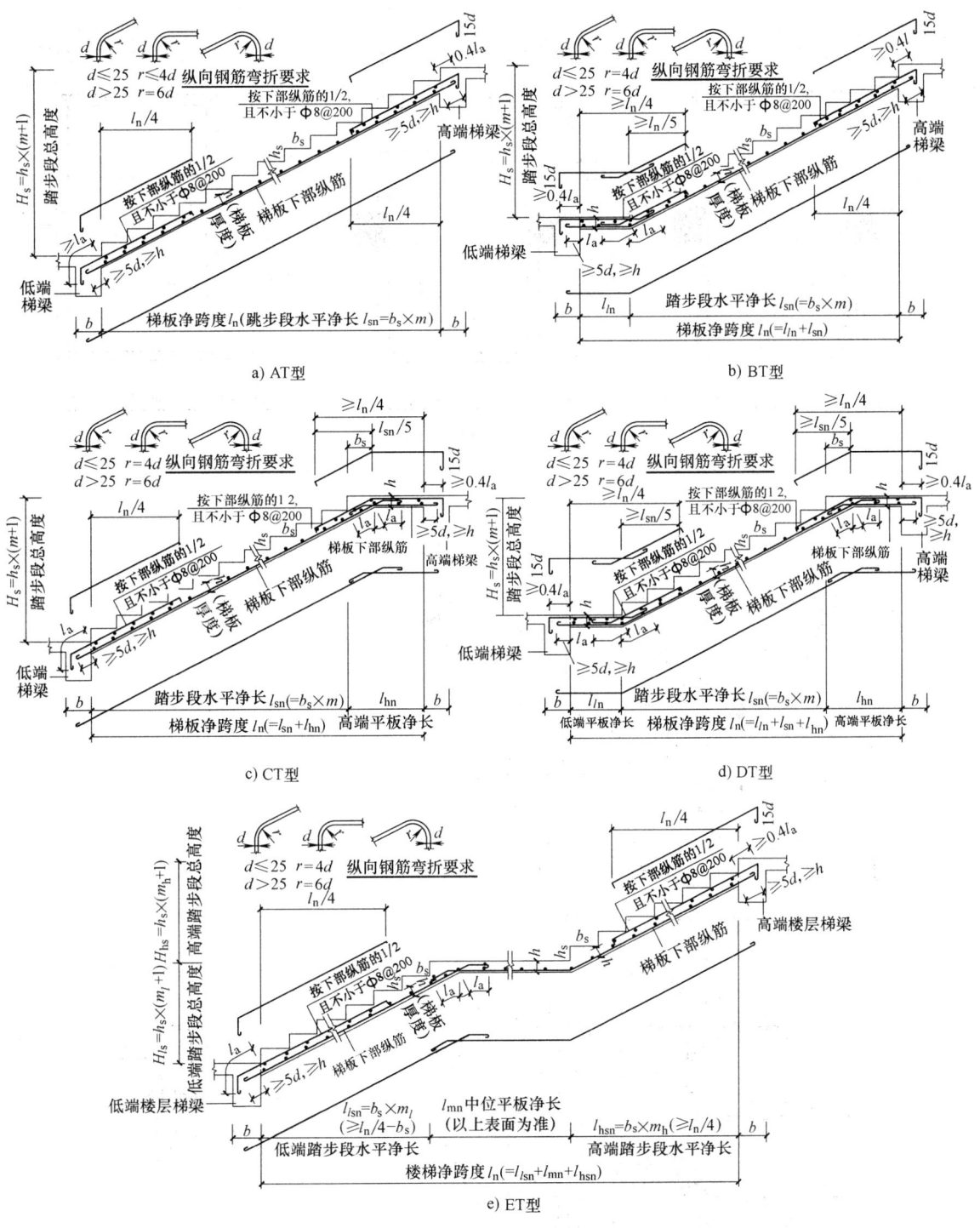

图 4-35 钢筋混凝土板式楼梯钢筋构造

三、楼梯结构详图识读

××××工程现浇楼梯施工图中,楼梯平面图(即楼梯配筋图)如图 4-36 所示,楼梯竖向布置简图(即楼梯剖面图)如图 4-37 所示,梯梁截面图如图 4-38 所示,图纸说明见表 4-14。

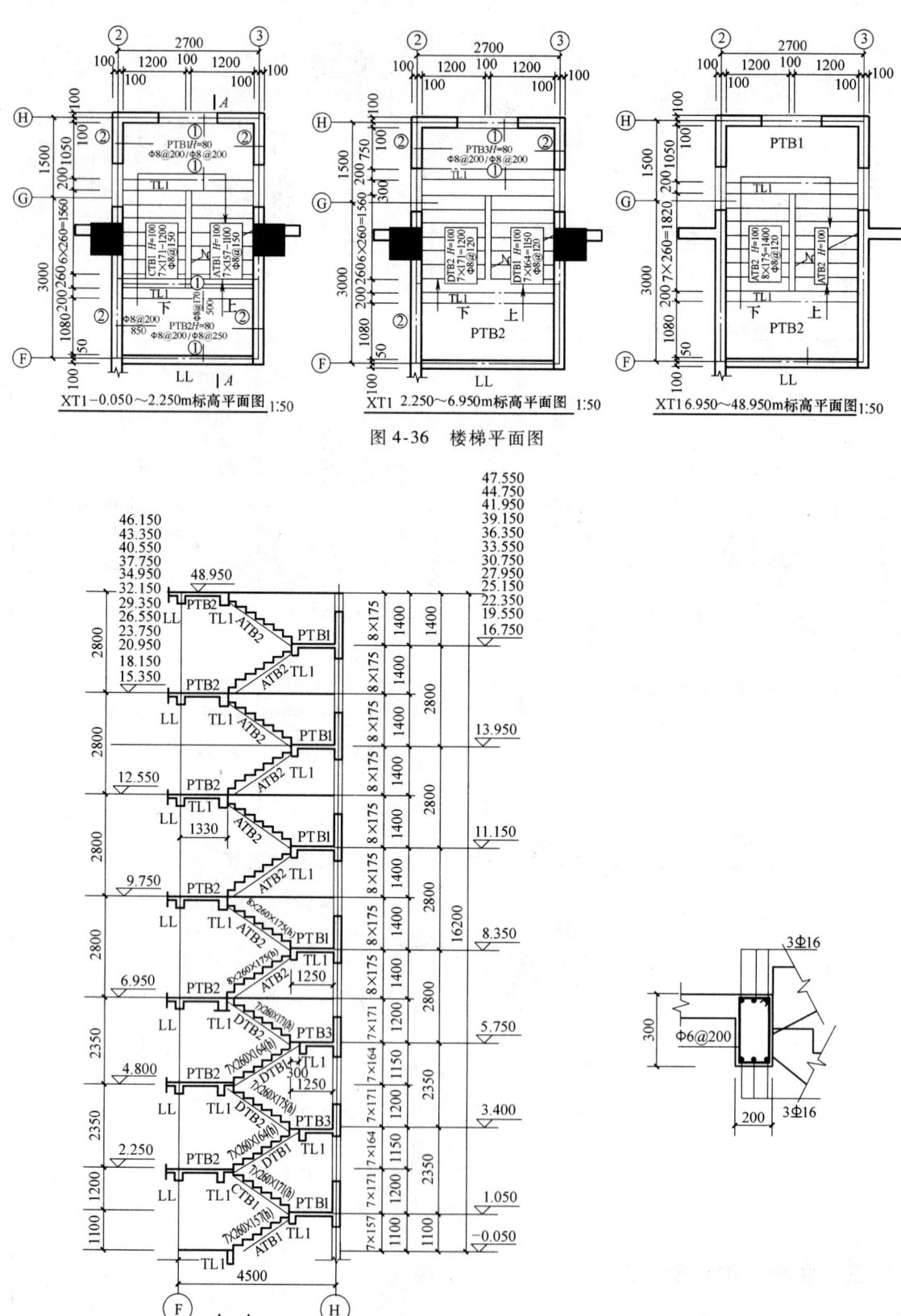

图 4-36 楼梯平面图

图 4-37 楼梯竖向布置简图

图 4-38 梯梁截面图

表 4-14　楼梯详图图纸说明

说明：
1. 现浇楼梯采用 C30 混凝土，HPB235(Φ)，HRB335(Φ)钢筋
2. 钢筋的混凝土保护层厚：板为 20mm，梁为 25mm
3. 板顶标高为建筑标高减 0.050m
4. 未标注的分布筋：架立筋为Φ8@250
5. 楼梯配筋构造详见标准图集 03G101—2

从建筑和结构平面图知，该工程设三部相同的楼梯。图 4-36 楼梯平面图和图 4-37 楼梯竖向布置简图的位置、尺寸、标高与建筑相符。

现浇楼梯混凝土强度等级为 C30。板保护层为 20mm，梁保护层为 25mm。

该工程为板式楼梯，由梯板、平台板和梯梁组成。

1. 梯板

以标高 -0.050~3.400m 之间的三种类型，说明梯板的识读。从楼梯平面图和楼梯竖向布置简图得知：

标高 -0.050~1.050m 之间的梯板：从楼梯竖向布置简图（即 A-A 剖面图）知，该梯板以顶标高为 -0.050m 的楼层平台梁和顶标高为 1.050m 的层间平台梁为支座。从楼梯平面图知，该梯板为 AT 型梯板，类型代号和序号为 ATB1；厚度为 100mm；7 个踏步，每个踏步高度为 157mm，踏步总高度为 1100mm；梯板下部纵向钢筋为Φ8@150，即 HPB235（Ⅰ级钢），直径为 8mm，间距为 150mm。踏步宽度为 260mm，梯板跨度为 6×260mm=1560mm。从图纸说明知，梯板中的分布筋为Φ8@250，即 HPB235（Ⅰ级钢），直径为 8mm，间距为 250mm。

从图 4-35 标准构造详图知：梯板下部纵向钢筋通长配置，两端进入支座不小于 $5d$，且不小于板厚 h（取 100mm），末端做 180°弯钩。梯板上部纵向钢筋要求按下部纵向钢筋的 1/2 配置，且不小于Φ8@200，取 HPB235（Ⅰ级钢），直径为 8mm，间距为 200mm，伸出支座梯梁的水平投影长度为梯板静跨度的 1/4，为 390mm，即可算得钢筋伸出支座的斜长为 $390×(157^2+260^2)^{1/2}/260mm=456mm$；进入平台梁内的锚固长度不小于受拉钢筋最小锚固长度 l_a（查得 $24d$ 即 192mm），要求弯折前支座内的钢筋斜长不小于 $0.4l_a$（即 77mm），弯折半径为 $4d$（即 32mm），弯折后的长度为 $15d$（即 120mm）；钢筋锚固端需做 180°弯钩，另一端作 90°支顶在模板上。

标高 1.050~2.250mm 之间的梯板：从楼梯竖向布置简图知，该梯板以顶标高为 1.050m 的楼层平台梁和顶标高为 2.250m 的层间平台梁为支座。从楼梯平面图知，该梯板为 CT 型梯板（由踏步段和高端平板构成），类型代号和序号为 CTB1；厚度为 100mm；7 个踏步，每个踏步高度为 171mm，踏步总高度为 1200mm；梯板下部纵向钢筋为Φ8@150。踏步宽度为 260mm，梯板跨度为 1820mm（6×260mm+260mm）。从图纸说明知，梯板中的分布筋为Φ8@250。

从图 4-37 标准构造详图知：梯板下部纵向钢筋在踏步段和高端平板分别配置，相交处分别伸至对方上部锚固，锚固长度为 l_a。在踏步段和高端平板端部进入支座不小于 $5d$，且不小于板厚 h（取 100mm）。钢筋端部做 180°弯钩。

梯板上部纵向钢筋要求按下部纵向钢筋的 1/2 配置，且不小于Φ8@200。伸出低端支座梯梁的水平投影长度为梯板静跨度的 1/4，即 455mm，可算得低端支座处上部纵向钢筋伸出支座的斜长为 $455×(171^2+260^2)^{1/2}/260mm=545mm$；进入平台梁内的锚固长度不小于受拉钢筋最小锚固长度 l_a，要求弯折前支座内的钢筋斜长不小于 $0.4l_a$（即 77mm），弯折半径为 $4d$，弯折后的长度为 $15d$；钢筋锚固端需做 180°弯钩，另一端作 90°支顶在模板上。伸出高端支座梯

梁的水平投影长度不小于梯板静跨度的1/4,且斜钢筋的水平投影长度为踏步段水平净长的1/5(312mm),所以取伸出支座的水平投影长度为梯板静跨度的1/4,斜长为545mm,钢筋水平进入高端支座,锚固长度不小于受拉钢筋最小锚固长度l_a,要求弯折前支座内的钢筋斜长不小于$0.4l_a$,弯折半径为$4d$,弯折后的长度为$15d$。

标高2.250~3.400之间的梯板:从楼梯竖向布置简图知,该梯板以顶标高为2.350m的层间平台梁和顶标高为3.400m的楼层平台梁为支座。从楼梯平面图知,该梯板为DT型梯板(由低端平板、踏步段和高端平板构成),类型代号和序号为DTB1,厚度为100mm;7个踏步,每个踏步高度为164mm,踏步总高度为1150mm;梯板下部纵向钢筋为Φ8@120。踏步宽度为260mm,梯板跨度为260mm+6×260mm+300mm=2120mm。从图纸说明知,梯板中的分布筋为Φ8@25。

从图4-35标准构造详图知:梯板下部纵向钢筋在底端平板和踏步段、高端平板分别配置,踏步段和高端平板相交处分别伸至对方上部锚固,锚固长度为l_a。在低端平板和高端平板端部进入支座不小于$5d$,且不小于板厚h(取100mm)。钢筋端部做180°弯钩。

梯板上部纵向钢筋要求按下部纵向钢筋的1/2配置,且不小于Φ8@200。在低端平板和踏步段相交处分别伸至对方下部锚固,锚固长度为l_a。伸出两端支座梯梁的水平投影长度不小于梯板静跨度的1/4(530mm),且斜钢筋的水平投影长度为踏步段水平净长的1/5(312mm),所以钢筋伸出低端平台的水平投影长度取为260mm+312mm=572mm,其相应斜段长度为$312×(164^2+260^2)^{1/2}/260$mm=369mm;伸出高端平台的水平投影长度取为530mm,其相应斜段长度为$(530-300+260)×(164^2+260^2)^{1/2}/260$mm=579mm。钢筋水平进入两端支座,锚固长度不小于受拉钢筋最小锚固长度l_a,要求弯折前支座内的钢筋斜长不小于$0.4l_a$,弯折半径为$4d$,弯折后的长度为$15d$。

2. 平台板

板除按通常配筋平面表示外,还可以采用平面注写方式。板的平面注写主要包括板块集中标注和板支座原位标注。

板块集中标注的内容有:板块编号、板厚、贯通钢筋,以及当楼面标高不同时的标高高差。注写贯通钢筋时,下部钢筋是必注值,一般先注主要受力方向、后注次要方向的下部贯通钢筋;或者分X、Y方向分别注写。

板支座注写的内容为板支座上部非贯通筋。

以2.250m标高处的的平台板为例,说明平台板的识读。

从图4-36可知:编号PTB2,板厚为80mm,短跨方向下部钢筋为Φ8@200,即HPB235(Ⅰ级钢),直径为8mm,间距为200mm;长跨方向下部钢筋为Φ8@250,即HPB235(Ⅰ级钢),直径为8mm,间距为250mm。短向支座上部钢筋为①号筋,为Φ8@170,伸出梁侧面500mm,进入梁内为锚固长度;长向支座上部钢筋为②号筋,为Φ8@200,伸出梁侧面850mm,进入梁内为锚固长度。

3. 梯梁

梯梁平面位置和标高参见楼梯详图。从图4-38梯梁截面注写知:梯梁截面为200mm×300mm,上、下部纵向钢筋均为3Φ16,箍筋为Φ6@200,纵向钢筋的构造要求如图4-26所示,其中纵向钢筋锚固长度l_a为$30d$。

参 考 文 献

[1] 建设部工程质量安全监督与行业发展司，中国建筑标准设计研究所. 全国民用建筑工程技术设计技术措施规划：建筑［M］. 北京：中国计划出版社，2003.

[2] 中华人民共和国住房和城乡建设部. 建筑工程设计文件编制深度规定［M］. 北京：中国计划出版社，2009.

[3] 建造师考试用书编委会. 房屋建筑工程管理与实务［M］. 北京：中国建筑工业出版社，2004.

[4] 中华人民共和国公安部. GB 50016—2006 建筑设计防火规范［S］. 北京：中国计划出版社，2006.

[5] 中华人民共和国建设部. GB 50352—2005 民用建筑设计通则［S］北京：中国计划出版社，2005.

[6] 中华人民共和国建设部. GB/T 50001—2001 房屋建筑制图统一标准［S］. 北京：中国计划出版社，2002.

[7] 中华人民共和国建设部. GB/T 50104—2001 建筑制图标准［S］. 北京：中国计划出版社，2002.

[8] 中华人民共和国建设部. GB/T 50103—2001 总图制图标准［S］. 北京：中国计划出版社 2002.

[9] 杨金铎. 房屋建筑构造［M］. 北京：中国建材工业出版社，2003.

[10] 中华人民共和国国家标准. GB/T 50001—2001 房屋建筑制图统一标准［S］. 北京：中国标准出版社，2001.

[11] 中华人民共和国国家标准. GB/T 50105—2001 建筑结构制图标准［S］. 北京：中国计划出版社，2002.

[12] 中华人民共和国国家标准. GB/T 50007—2002 建筑地基基础设计规范［S］. 北京：中国建筑工业出版社，2002.

[13] 中华人民共和国国家标准. GB/T 50010—2002 混凝土结构设计规范. ［S］. 北京：中国建筑工业出版社，2002.

[14] 中华人民共和国行业标准. JGJ 3—2002，J186—2002 高层建筑混凝土结构技术规程［S］. 北京：中国建筑工业出版社，2002.

[15] 中国建筑标准设计研究所. 03G101—1 混凝土结构施工图平面整体表示方法制图规则和构造详图：现浇混凝土框架、剪力墙、框架剪力墙、框支剪力墙结构［S］. 北京：中国计划出版社，2006.

[16] 中国建筑标准设计研究院. 03G101—2 混凝土结构施工图平面整体表示方法制图规则和构造详图：现浇混凝土板式楼梯［S］. 北京：中国计划出版社，2006.

[17] 中国建筑标准设计研究院. 04G101—4 混凝土结构施工图平面整体表示方法制图规则和构造详图：现浇混凝土楼面与屋面板［S］. 北京：中国计划出版社，2003.